書いて定着

アウトプット専用題集

JN014528

……と式・関数

もくじ

本書の特長と使い方

本書は，成績アップの壁を打ち破るため，問題を解いて解いて解きまくるための**アウトプット専用**問題集です。

\次のように感じたことの／
ある人はいませんか？

☑ 授業は理解できる
　➡ **でも問題が解けない！**

☑ あんなに手ごたえ十分だったのに
　➡ **テスト結果がひどかった**

☑ マジメにがんばっているけれど
　➡ **ぜんぜん成績が上がらない**

基本のページ

アウトプットに特化したスタイル

ストレスフリーでどんどん解ける！
問題を解いて解いて解きまくろう！

単元はじめの問題にはヒントがあるからつまずかずにスイスイ解ける！

答えはすべて書き込める！

180°開く製本だから書き込みやすい！
手を離しても本が閉じない！

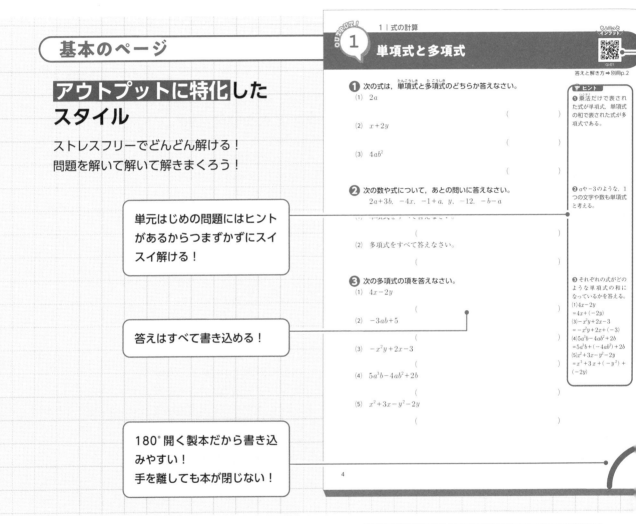

テストのページ

まとめのテスト

数単元ごとに設けています。
これまでに学んだ単元で重要なタイプの問題を掲載しているので，復習に最適です。点数を設定しているので，定期テスト前の確認や自分の弱点強化にも使うことができます。

原因は実際に問題を解くという
アウトプット不足
です。
本書ですべて解決できます!

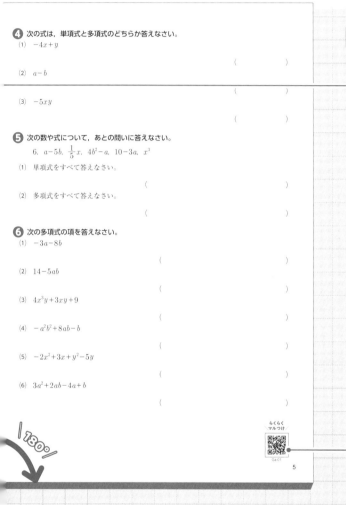

❹ 次の式は、単項式と多項式のどちらか答えなさい。

(1) $-4x+y$

(   )

(2) $a-b$

(   )

(3) $-5xy$

(   )

❺ 次の数や式について、あとの問いに答えなさい。

$6,\ a-5b,\ \dfrac{1}{5}x,\ 4b^2-a,\ 10-3a,\ x^3$

(1) 単項式をすべて答えなさい。

(   )

(2) 多項式をすべて答えなさい。

(   )

❻ 次の多項式の項を答えなさい。

(1) $-3a-8b$

(   )

(2) $14-5ab$

(   )

(3) $4x^3y+3xy+9$

(   )

(4) $-a^2b^2+8ab-b$

(   )

(5) $-2x^2+3x+y^2-5y$

(   )

(6) $3a^2+2ab-4a+b$

(   )

180°

5

らくらく
マルつけ

Ga-01

スマホを使うサポートも万全!

＼ちょこっとインプット／

わからないことがあったら、QRコードを読みとってスマホやタブレットでサクッと確認できる!

＼らくらくマルつけ／

QRコードを読みとれば、解答が印字された紙面が手軽に見られる!

※くわしい解説を見たいときは別冊をチェック!

チャレンジテスト

巻末に2回設けています。
簡単な高校入試の問題も扱っているので、自身の力試しに最適です。
入試前の「仕上げ」として時間を決めて取り組むことができます。

●「ちょこっとインプット」「らくらくマルつけ」は無料でご利用いただけますが、通信料金はお客様のご負担となります。●すべての機器での動作を保証するものではありません。●やむを得ずサービス内容に変更が生じる場合があります。● QR コードは(株)デンソーウェーブの登録商標です。

単項式と多項式

Gi-01

答えと解き方 ➡ 別冊p.2

❶ 次の式は，単項式と多項式のどちらか答えなさい。

(1)　$2a$

（　　　　　　　　　）

(2)　$x+2y$

（　　　　　　　　　）

(3)　$4ab^2$

（　　　　　　　　　）

❷ 次の数や式について，あとの問いに答えなさい。

$2a+3b,\ -4x,\ -1+a,\ y,\ -12,\ -b-a$

(1)　単項式をすべて答えなさい。

（　　　　　　　　　）

(2)　多項式をすべて答えなさい。

（　　　　　　　　　）

❸ 次の多項式の項を答えなさい。

(1)　$4x-2y$

（　　　　　　　　　）

(2)　$-3ab+5$

（　　　　　　　　　）

(3)　$-x^2y+2x-3$

（　　　　　　　　　）

(4)　$5a^3b-4ab^2+2b$

（　　　　　　　　　）

(5)　x^2+3x-y^2-2y

（　　　　　　　　　）

ヒント

❶ 乗法だけで表された式が単項式，単項式の和で表された式が多項式である。

❷ aや-3のような，1つの文字や数も単項式と考える。

❸ それぞれの式がどのような単項式の和になっているかを答える。
(1)$4x-2y$
　$=4x+(-2y)$
(3)$-x^2y+2x-3$
　$=-x^2y+2x+(-3)$
(4)$5a^3b-4ab^2+2b$
　$=5a^3b+(-4ab^2)+2b$
(5)x^2+3x-y^2-2y
　$=x^2+3x+(-y^2)+(-2y)$

❹ 次の式は，単項式と多項式のどちらか答えなさい。

(1)　$-4x+y$

（　　　　　　　）

(2)　$a-b$

（　　　　　　　）

(3)　$-5xy$

（　　　　　　　）

❺ 次の数や式について，あとの問いに答えなさい。

$6,\ \ a-5b,\ \ \dfrac{1}{5}x,\ \ 4b^2-a,\ \ 10-3a,\ \ x^3$

(1)　単項式をすべて答えなさい。

（　　　　　　　）

(2)　多項式をすべて答えなさい。

（　　　　　　　）

❻ 次の多項式の項を答えなさい。

(1)　$-3a-8b$

（　　　　　　　）

(2)　$14-5ab$

（　　　　　　　）

(3)　$4x^3y+3xy+9$

（　　　　　　　）

(4)　$-a^2b^2+8ab-b$

（　　　　　　　）

(5)　$-2x^2+3x+y^2-5y$

（　　　　　　　）

(6)　$3a^2+2ab-4a+b$

（　　　　　　　）

らくらく
＼マルつけ／

Ga-01

2 単項式と多項式の次数

Gi-02

答えと解き方➡別冊p.2

❶ 次の単項式の次数を答えなさい。

(1) $-4a$

( )

(2) $2x^3$

( )

(3) a^2b^2

( )

❷ 次の多項式は何次式か答えなさい。

(1) $2x^2-x$

( )

(2) $ab+10b^2$

( )

(3) $x^3y+4xy-3x$

( )

(4) $-3a^3b^2+2ab^2+2ab$

( )

❸ 次の式について，あとの問いに答えなさい。

$3a+2,\ -3x^3+y^2,\ 4ab+7,\ xy^2+xy,\ -a^2+5ab,\ 4y-x$

(1) 1次式をすべて答えなさい。

( )

(2) 2次式をすべて答えなさい。

( )

(3) 3次式をすべて答えなさい。

( )

💡 ヒント

❶ かけられている文字の個数が，その単項式の次数である。

❷ それぞれの項の次数のうち，もっとも大きいものが，その多項式の次数である。
次数が1の式は1次式，次数が2の式は2次式，…となる。

❸ (1)それぞれの項の次数のうち，もっとも大きい次数が1である式を答える。
(2)それぞれの項の次数のうち，もっとも大きい次数が2である式を答える。
(3)それぞれの項の次数のうち，もっとも大きい次数が3である式を答える。

❹ 次の単項式の次数を答えなさい。

(1) $2ab$

(　　　　　)

(2) $8x^2y^3$

(　　　　　)

(3) $-ab^3$

(　　　　　)

❺ 次の多項式は何次式か答えなさい。

(1) $-x-4y$

(　　　　　)

(2) $5y^2-x$

(　　　　　)

(3) a^2b+9b^2

(　　　　　)

(4) $xy-3x-2y$

(　　　　　)

(5) $a^2b^2-7a^3+2a^2$

(　　　　　)

❻ 次の式について，あとの問いに答えなさい。

$-x^2+2xy, \ 8ab^3+7a^2b, \ -2xy^2+x, \ 6a^2+2b, \ 5a^2b-2a, \ 4x^2y^2-3x^2y$

(1) 2次式をすべて答えなさい。

(　　　　　)

(2) 3次式をすべて答えなさい。

(　　　　　)

(3) 4次式をすべて答えなさい。

(　　　　　)

OUTPUT! 3 同類項

答えと解き方 ➡ 別冊p.3

Gi-03

❶ 次の式で，同類項である2つの項を答えなさい。

(1) $4x+3-2x$

( )

(2) $5a^2+3a-4a$

( )

(3) $ab-2a^2+3ab$

( )

❷ 次の計算をしなさい。

(1) $2x-y+4x-3y$

( )

(2) $3a+b+5b-4a$

( )

(3) $x^2-6x+3x^2+2x$

( )

(4) $4ab-3a-3ab-6a$

( )

(5) $6a^2-5a-2a-4a^2$

( )

(6) $-8xy+3y+5xy-y$

( )

(7) $2b^2-8b+2b+5b^2+4$

( )

ヒント

❶ 文字の部分が同じである2つの項を答える。

❷ 同類項どうしを計算する。
(1)$2x-y+4x-3y$
$=(2+4)x+(-1-3)y$
(2)$3a+b+5b-4a$
$=(3-4)a+(1+5)b$
(3)$x^2-6x+3x^2+2x$
$=(1+3)x^2+(-6+2)x$
(4)$4ab-3a-3ab-6a$
$=(4-3)ab+(-3-6)a$
(5)$6a^2-5a-2a-4a^2$
$=(6-4)a^2+(-5-2)a$
(6)$-8xy+3y+5xy-y$
$=(-8+5)xy+(3-1)y$
(7)$2b^2-8b+2b+5b^2+4$
$=(2+5)b^2$
$\quad+(-8+2)b+4$

❸ 次の式で，同類項である2つの項を答えなさい。

(1) $-2x+3x+10$

(   )

(2) $5a^2+3a-a^2$

(   )

(3) $-4x^2+2xy+6x^2$

(   )

(4) $3ab+6a-8ab$

(   )

❹ 次の計算をしなさい。

(1) $5x-2y+3x+y$

(   )

(2) $-6a+3b+2b-2a$

(   )

(3) $5x^2-7x-3x^2+2x$

(   )

(4) $-3ab-5a-4ab-a$

(   )

(5) $7b^2-6b-3b-2b^2$

(   )

(6) $-4xy+9x+10xy-4x$

(   )

(7) $3x^2-6x+2x^2+9+8x$

(   )

(8) $-4a^2-a-5a+3a^2+7$

(   )

らくらく
＼マルつけ／

OUTPUT!

多項式の加法と減法❶

Gi-04

答えと解き方➡別冊p.3

❶ 次の計算をしなさい。

(1) $(2x+y)+(x+3y)$

( )

(2) $(3a+2b)+(2a-5b)$

( )

(3) $(3x-4y)-(x+3y)$

( )

(4) $(4x^2+y)-(3x^2-y)$

( )

❷ 次の計算をしなさい。

(1) $(x+y+4)+(2x-4y+1)$

( )

(2) $(-2a-3b-2)+(a+b-1)$

( )

(3) $(4x-3y-5)-(x+3y-3)$

( )

(4) $(-a^2+a-3)-(-2a^2-2a+3)$

( )

💡 **ヒント**

❶ かっこをはずして同類項をまとめる。

(1) $(2x+y)+(x+3y)$
$=2x+y+x+3y$

(2) $(3a+2b)$
$+(2a-5b)$
$=3a+2b+2a-5b$

(3) $(3x-4y)$
$-(x+3y)$
$=3x-4y-x-3y$

(4) $(4x^2+y)-(3x^2-y)$
$=4x^2+y-3x^2+y$

❷ かっこをはずして同類項をまとめる。

(1) $(x+y+4)$
$+(2x-4y+1)$
$=x+y+4+2x-4y+1$

(2) $(-2a-3b-2)$
$+(a+b-1)$
$=-2a-3b-2+a+b-1$

(3) $(4x-3y-5)$
$-(x+3y-3)$
$=4x-3y-5-x-3y+3$

(4) $(-a^2+a-3)$
$-(-2a^2-2a+3)$
$=-a^2+a-3$
$+2a^2+2a-3$

❸ 次の計算をしなさい。

(1) $(x^2+4x)+(3x^2+2x)$

$($ 　　　　　　　　　　$)$

(2) $(2a+3b)+(3a+5b)$

$($ 　　　　　　　　　　$)$

(3) $(2x-5y)-(3x+y)$

$($ 　　　　　　　　　　$)$

(4) $(x-y)-(4x+y)$

$($ 　　　　　　　　　　$)$

❹ 次の計算をしなさい。

(1) $(2x+3y+1)+(3x+4y-2)$

$($ 　　　　　　　　　　$)$

(2) $(-a+b-4)+(-2a-3b+1)$

$($ 　　　　　　　　　　$)$

(3) $(4x+y-2)-(2x-3y+1)$

$($ 　　　　　　　　　　$)$

(4) $(-3x-y+5)-(-4x-4y-3)$

$($ 　　　　　　　　　　$)$

(5) $(4+3a-2b)-(6-a+b)$

$($ 　　　　　　　　　　$)$

5 多項式の加法と減法❷

Gi-05

答えと解き方 ➡ 別冊p.4

❶ 次の計算をしなさい。

(1) $x+2y$
    $+)3x+4y$
   (   )

(2) $4x-3y$
    $-)-2x+5y$
   (   )

(3) $2x-\ y+1$
    $+)4x+3y-3$
   (   )

(4) $4x+6y-5$
    $-)5x-3y+2$
   (   )

(5) $2a+4b+5$
    $+)4a-2b+4$
   (   )

(6) $3a+3b-4$
    $-)2a-4b+1$
   (   )

❷ 次の2つの式について，あとの問いに答えなさい。
  $2x-3y,\ 3x+4y$

(1) 2つの式の和を求めなさい。

   (   )

(2) 左の式から右の式をひいた差を求めなさい。

   (   )

❸ 次の2つの式について，あとの問いに答えなさい。
  $-x+2y,\ -2x-5y$

(1) 2つの式の和を求めなさい。

   (   )

(2) 左の式から右の式をひいた差を求めなさい。

   (   )

💡 ヒント

❶ 同類項ごとに計算する。
(1)$x+3x=4x$,
$2y+4y=6y$
(2)$4x-(-2x)$
 $=4x+2x=6x$,
 $-3y-5y=-8y$
(3)$2x+4x=6x$,
 $-\ y+3y=2y$,
 $1-3=-2$
(4)$4x-5x=-x$,
 $6y-(-3y)=6y+3y$
      $=9y$,
 $-5-2=-7$
(5)$2a+4a=6a$,
 $4b-2b=2b$,
 $5+4=9$
(6)$3a-2a=a$,
 $3b-(-4b)=3b+4b$
      $=7b$,
 $-4-1=-5$

❷ (1)$(2x-3y)$
     $+(3x+4y)$
 $=2x-3y+3x+4y$
(2)$(2x-3y)$
     $-(3x+4y)$
 $=2x-3y-3x-4y$

❸ (1)$(-x+2y)$
     $+(-2x-5y)$
 $=-x+2y-2x-5y$
(2)$(-x+2y)$
     $-(-2x-5y)$
 $=-x+2y+2x+5y$

❹ 次の計算をしなさい。

(1) $\begin{array}{r} 3x+4y \\ +)\ x-\ y \\ \hline \end{array}$

(　　　　　　)

(2) $\begin{array}{r} -5x-3y \\ -)\ \ 2x+3y \\ \hline \end{array}$

(　　　　　　)

(3) $\begin{array}{r} 2x+7y \\ -)-3x-2y \\ \hline \end{array}$

(　　　　　　)

(4) $\begin{array}{r} 2a^2+2a+5 \\ +)3a^2-4a-3 \\ \hline \end{array}$

(　　　　　　)

(5) $\begin{array}{r} 4a+2b-5 \\ -)6a-6b+1 \\ \hline \end{array}$

(　　　　　　)

(6) $\begin{array}{r} 5a-3b+8 \\ -)4a+5b\ \ \ \ \\ \hline \end{array}$

(　　　　　　)

❺ 次の2つの式について，あとの問いに答えなさい。

$$3a-b,\ 2a-5b$$

(1) 2つの式の和を求めなさい。

(　　　　　　　　　　　)

(2) 左の式から右の式をひいた差を求めなさい。

(　　　　　　　　　　　)

❻ 次の2つの式について，あとの問いに答えなさい。

$$a+b-3,\ -2a+3b+1$$

(1) 2つの式の和を求めなさい。

(　　　　　　　　　　　)

(2) 左の式から右の式をひいた差を求めなさい。

(　　　　　　　　　　　)

❼ 次の2つの式について，あとの問いに答えなさい。

$$a^2+3a-1,\ -3a^2-2a+6$$

(1) 2つの式の和を求めなさい。

(　　　　　　　　　　　)

(2) 左の式から右の式をひいた差を求めなさい。

(　　　　　　　　　　　)

らくらく
マルつけ

Ga-05

多項式の加法と減法❸

GI-06

答えと解き方 ➡ 別冊p.5

❶ 次の計算をしなさい。

(1) $(2x+3)+\{4x-(x+1)\}$

$($ 　　　　　　$)$

(2) $(x-3)-\{-2x-(-5x+4)\}$

$($ 　　　　　　$)$

(3) $(-a+b)-\{(-2a+3b)-(a-b)\}$

$($ 　　　　　　$)$

❷ 次の計算をしなさい。

(1) $\left(\dfrac{1}{2}x+\dfrac{1}{3}y\right)+\left(\dfrac{1}{3}x-\dfrac{1}{2}y\right)$

$($ 　　　　　　$)$

(2) $\left(\dfrac{3}{4}x+\dfrac{2}{3}y\right)-\left(\dfrac{1}{3}x-\dfrac{1}{4}y\right)$

$($ 　　　　　　$)$

(3) $\left(-\dfrac{1}{3}x+\dfrac{2}{3}y\right)-\left(-\dfrac{1}{2}x-\dfrac{1}{6}y\right)$

$($ 　　　　　　$)$

💡 ヒント

❶ (1) $(2x+3)$
$\quad +\{4x-(x+1)\}$
$=2x+3+(3x-1)$

(2) $(x-3)$
$\quad -\{-2x-(-5x+4)\}$
$=x-3-(3x-4)$

(3) $(-a+b)$
$\quad -\{(-2a+3b)-(a-b)\}$
$=-a+b-(-3a+4b)$

❷ (1) $\left(\dfrac{1}{2}x+\dfrac{1}{3}y\right)$

$\quad +\left(\dfrac{1}{3}x-\dfrac{1}{2}y\right)$

$=\left(\dfrac{1}{2}+\dfrac{1}{3}\right)x$

$\quad +\left(\dfrac{1}{3}-\dfrac{1}{2}\right)y$

(2) $\left(\dfrac{3}{4}x+\dfrac{2}{3}y\right)$

$\quad -\left(\dfrac{1}{3}x-\dfrac{1}{4}y\right)$

$=\left(\dfrac{3}{4}-\dfrac{1}{3}\right)x$

$\quad +\left(\dfrac{2}{3}+\dfrac{1}{4}\right)y$

(3) $\left(-\dfrac{1}{3}x+\dfrac{2}{3}y\right)$

$\quad -\left(-\dfrac{1}{2}x-\dfrac{1}{6}y\right)$

$=\left(-\dfrac{1}{3}+\dfrac{1}{2}\right)x$

$\quad +\left(\dfrac{2}{3}+\dfrac{1}{6}\right)y$

❸ 次の計算をしなさい。

(1) $(3x+2)+\{2x-(4x+3)\}$

$($ $)$

(2) $(5x-4)-\{7x-(-x+5)\}$

$($ $)$

(3) $(2a-b)-\{(4a-b)-(5a+2b)\}$

$($ $)$

❹ 次の計算をしなさい。

(1) $\left(\dfrac{1}{3}a+\dfrac{2}{3}b\right)+\left(\dfrac{1}{4}a-\dfrac{1}{2}b\right)$

$($ $)$

(2) $\left(\dfrac{3}{4}a-\dfrac{1}{3}b\right)-\left(-\dfrac{1}{6}a+\dfrac{1}{4}b\right)$

$($ $)$

(3) $\left(-\dfrac{1}{4}a+\dfrac{3}{4}b\right)-\left(\dfrac{2}{5}a-\dfrac{1}{5}b\right)$

$($ $)$

(4) $\left(\dfrac{1}{2}a+\dfrac{1}{4}\right)-\left(-\dfrac{1}{3}a-\dfrac{1}{2}\right)$

$($ $)$

いろいろな多項式の計算❶

Gi-07

答えと解き方 ➡ 別冊p.6

❶ 次の計算をしなさい。

(1) $3(2x+3y)$

$($ 　　　　　 $)$

(2) $2(4a-2b-5)$

$($ 　　　　　 $)$

(3) $4\left(\dfrac{x}{2}-\dfrac{y}{4}\right)$

$($ 　　　　　 $)$

❷ 次の計算をしなさい。

(1) $(2x+4y-8)\times\left(-\dfrac{1}{2}\right)$

$($ 　　　　　 $)$

(2) $(-3a+9b+6)\times\left(-\dfrac{2}{3}\right)$

$($ 　　　　　 $)$

❸ 次の計算をしなさい。

(1) $(8x-6y)\div2$

$($ 　　　　　 $)$

(2) $(-9a+12b)\div(-3)$

$($ 　　　　　 $)$

(3) $(4a^2-12a+16)\div(-4)$

$($ 　　　　　 $)$

🍄 ヒント

❶ 分配法則を利用する。

(1) $3(2x+3y)$
$=3\times2x+3\times3y$

(2) $2(4a-2b-5)$
$=2\times4a-2\times2b-2\times5$

(3) $4\left(\dfrac{x}{2}-\dfrac{y}{4}\right)$
$=4\times\dfrac{x}{2}-4\times\dfrac{y}{4}$

❷ (1) $(2x+4y-8)$
$\times\left(-\dfrac{1}{2}\right)$
$=2x\times\left(-\dfrac{1}{2}\right)+4y\times$
$\left(-\dfrac{1}{2}\right)-8\times\left(-\dfrac{1}{2}\right)$

(2) $(-3a+9b+6)$
$\times\left(-\dfrac{2}{3}\right)$
$=-3a\times\left(-\dfrac{2}{3}\right)+9b$
$\times\left(-\dfrac{2}{3}\right)+6\times\left(-\dfrac{2}{3}\right)$

❸ わる数の逆数をかける計算になおす。

(1) $(8x-6y)\div2$
$=(8x-6y)\times\dfrac{1}{2}$

(2) $(-9a+12b)\div(-3)$
$=(-9a+12b)$
$\times\left(-\dfrac{1}{3}\right)$

(3) $(4a^2-12a+16)\div(-4)$
$=(4a^2-12a+16)$
$\times\left(-\dfrac{1}{4}\right)$

❹ 次の計算をしなさい。

(1) $-4(3x-4y)$

(2) $3(5a-3b+2)$

( ) ( )

(3) $20\left(\dfrac{3}{5}x-\dfrac{7}{10}y\right)$

(4) $-6\left(\dfrac{a}{6}+\dfrac{b}{3}\right)$

( ) ( )

❺ 次の計算をしなさい。

(1) $(6x+9y-18)\times\left(-\dfrac{1}{3}\right)$

(2) $(-5a^2-10a+30)\times\left(-\dfrac{1}{5}\right)$

( ) ( )

(3) $(-24x+16y-20)\times\dfrac{3}{4}$

(4) $(-15a^2-6a+21)\times\dfrac{2}{3}$

( ) ( )

❻ 次の計算をしなさい。

(1) $(-6x+18y)\div6$

(2) $(16a-40b)\div(-8)$

( ) ( )

(3) $(7x-21y+35)\div7$

(4) $(15a^2+25a-5)\div(-5)$

( ) ( )

らくらく
マルつけ

Ga-07

8 いろいろな多項式の計算❷

Gi-08

答えと解き方 ➡ 別冊p.7

❶ 次の計算をしなさい。

(1) $2(x+2y)+3(2x-y)$

( )

(2) $3(3a-4b)+4(a-2b)$

( )

(3) $-4(3x+4y)+2(2x-3y)$

( )

(4) $-2(4a+3b)-3(-5a+b)$

( )

(5) $3(x^2-2x+3)+2(x^2+x-4)$

( )

(6) $-4(-a-3b+5)-3(a+b-1)$

( )

(7) $-2(-3a^2+2a-4)+4(a^2-3a+1)$

( )

💡 ヒント

❶ かっこをはずして同類項をまとめる。

(1) $2(x+2y)$
$\quad +3(2x-y)$
$=2x+4y+6x-3y$

(2) $3(3a-4b)$
$\quad +4(a-2b)$
$=9a-12b+4a-8b$

(3) $-4(3x+4y)$
$\quad +2(2x-3y)$
$=-12x-16y+4x-6y$

(4) $-2(4a+3b)$
$\quad -3(-5a+b)$
$=-8a-6b+15a$
$\quad -3b$

(5) $3(x^2-2x+3)$
$\quad +2(x^2+x-4)$
$=3x^2-6x+9+2x^2$
$\quad +2x-8$

(6) $-4(-a-3b+5)$
$\quad -3(a+b-1)$
$=4a+12b-20-3a$
$\quad -3b+3$

(7) $-2(-3a^2+2a$
$\quad -4)+4(a^2-3a+1)$
$=6a^2-4a+8+4a^2$
$\quad -12a+4$

❷ 次の計算をしなさい。

(1) $4(4x-3y)-2(3x+4y)$

$($ $)$

(2) $-2(2a+7b)-3(a-2b)$

$($ $)$

(3) $6(x^2+x-1)+5(-2x^2-3x+4)$

$($ $)$

(4) $-3(4x^2-x+1)+2(3x^2+2x+2)$

$($ $)$

(5) $2(3a-b+1)+5(-a+2b-2)$

$($ $)$

(6) $-5(2x+3y-4)-4(x-2y-1)$

$($ $)$

(7) $3(x^2-2x-7)-4(-2x^2-x-5)$

$($ $)$

(8) $-4(2x^2+3x-1)+5(x^2+2x+4)$

$($ $)$

Ga-08

らくらく
マルつけ

いろいろな多項式の計算❸

Gi-09

答えと解き方 ➡ 別冊p.7

❶ 次の計算をしなさい。

(1) $\dfrac{3a+b}{2}+\dfrac{2a-3b}{3}$

(   )

(2) $\dfrac{-2x+y}{4}+\dfrac{-x+2y}{6}$

(   )

(3) $\dfrac{-a+b}{3}-\dfrac{3a-4b}{6}$

(   )

(4) $\dfrac{x-3y}{5}-\dfrac{-2x+3y}{3}$

(   )

(5) $2a+b-\dfrac{3a-b}{2}$

(   )

💡 ヒント

❶ 通分して計算します。

(1) $\dfrac{3a+b}{2}+\dfrac{2a-3b}{3}$

$=\dfrac{3(3a+b)+2(2a-3b)}{6}$

(2) $\dfrac{-2x+y}{4}+\dfrac{-x+2y}{6}$

$=\dfrac{3(-2x+y)+2(-x+2y)}{12}$

(3) $\dfrac{-a+b}{3}-\dfrac{3a-4b}{6}$

$=\dfrac{2(-a+b)-(3a-4b)}{6}$

(4) $\dfrac{x-3y}{5}-\dfrac{-2x+3y}{3}$

$=\dfrac{3(x-3y)-5(-2x+3y)}{15}$

(5) $2a+b-\dfrac{3a-b}{2}$

$=\dfrac{2(2a+b)-(3a-b)}{2}$

❷ 次の計算をしなさい。

(1) $\dfrac{2a-b}{5}+\dfrac{-a+3b}{6}$

（　　　　　　　　　）

(2) $\dfrac{-2x-3y}{3}+\dfrac{3x+4y}{5}$

（　　　　　　　　　）

(3) $\dfrac{3a-4b}{4}-\dfrac{2a+3b}{6}$

（　　　　　　　　　）

(4) $\dfrac{x+2y}{7}-\dfrac{2x-y}{2}$

（　　　　　　　　　）

(5) $3a-2b-\dfrac{a+3b}{3}$

（　　　　　　　　　）

(6) $5x+3y-\dfrac{2x-y}{4}$

（　　　　　　　　　）

らくらく
マルつけ

Ga-09

10 単項式の乗法❶

Gi-10

答えと解き方➡別冊p.8

❶ 次の計算をしなさい。

(1) $2x \times 3y$

( )

(2) $4a \times (-7b)$

( )

(3) $(-3m) \times 6n$

( )

(4) $5a \times 8bc$

( )

(5) $(-9x) \times (-2y)$

( )

(6) $\dfrac{1}{2}x \times (-8y)$

( )

(7) $(-7a) \times \dfrac{1}{4}b$

( )

(8) $5ab \times 2a$

( )

(9) $8y \times (-3xy)$

( )

(10) $(-3ab) \times 2bc$

( )

💡ヒント

❶ 係数の積に文字の積をかける。

(1) $2x \times 3y$
$= 2 \times 3 \times x \times y$

(2) $4a \times (-7b)$
$= 4 \times (-7) \times a \times b$

(3) $(-3m) \times 6n$
$= (-3) \times 6 \times m \times n$

(4) $5a \times 8bc$
$= 5 \times 8 \times a \times b \times c$

(5) $(-9x) \times (-2y)$
$= (-9) \times (-2) \times x \times y$

(6) $\dfrac{1}{2}x \times (-8y)$
$= \dfrac{1}{2} \times (-8) \times x \times y$

(7) $(-7a) \times \dfrac{1}{4}b$
$= (-7) \times \dfrac{1}{4} \times a \times b$

(8) $5ab \times 2a$
$= 5 \times 2 \times a \times a \times b$

(9) $8y \times (-3xy)$
$= 8 \times (-3) \times x \times y \times y$

(10) $(-3ab) \times 2bc$
$= (-3) \times 2 \times a \times b \times b \times c$

❷ 次の計算をしなさい。

(1) $4x \times 5y$

(2) $6a \times (-4b)$

(　　　　　　　　)

(　　　　　　　　)

(3) $10\,m \times (-5n)$

(4) $(-3ab) \times (-9c)$

(　　　　　　　　)

(　　　　　　　　)

(5) $(-13x) \times 3y$

(6) $(-5a) \times (-7b)$

(　　　　　　　　)

(　　　　　　　　)

(7) $\dfrac{1}{3}x \times (-9y)$

(8) $6a \times \left(-\dfrac{1}{5}b\right)$

(　　　　　　　　)

(　　　　　　　　)

(9) $5ab \times 5b$

(10) $3x \times (-7xy)$

(　　　　　　　　)

(　　　　　　　　)

(11) $(-9a) \times (-4ab)$

(12) $5xy \times 3xy$

(　　　　　　　　)

(　　　　　　　　)

(13) $(-8ab) \times 2ac$

(14) $2abc \times (-7ab)$

(　　　　　　　　)

(　　　　　　　　)

11 単項式の乗法❷

Gi-11

答えと解き方➡別冊p.9

❶ 次の計算をしなさい。

(1) $3x \times x^2$

( )

(2) $5a^2 \times (-2a)$

( )

(3) $(-3x)^2$

( )

(4) $(-2a)^3$

( )

(5) $x^2y \times (-4y)$

( )

(6) $\dfrac{1}{4}ab \times 8ab^2$

( )

(7) $(-4x)^2 \times y$

( )

(8) $2a \times (-b)^3$

( )

(9) $4xy \times (-2x)^2$

( )

💡 ヒント

❶ 係数の積に文字の積をかける。

(1) $3x \times x^2 = 3 \times x \times x^2$

(2) $5a^2 \times (-2a)$
$= 5 \times (-2) \times a^2 \times a$

(3) $(-3x)^2$
$= (-3) \times (-3) \times x \times x$

(4) $(-2a)^3$
$= (-2) \times (-2) \times (-2) \times a \times a \times a$

(5) $x^2y \times (-4y)$
$= (-4) \times x^2 \times y \times y$

(6) $\dfrac{1}{4}ab \times 8ab^2$
$= \dfrac{1}{4} \times 8 \times a \times a \times b \times b^2$

(7) $(-4x)^2 \times y$
$= (-4) \times (-4) \times x \times x \times y$

(8) $2a \times (-b)^3$
$= 2 \times a \times (-b) \times (-b) \times (-b)$

(9) $4xy \times (-2x)^2$
$= 4 \times (-2) \times (-2) \times x \times x \times x \times y$

② 次の計算をしなさい。

(1)　$x^3 \times (-3x)$

(2)　$8a^2 \times (-4a)$

(　　　　　　　)　　　　　　　　(　　　　　　　)

(3)　$(-6x)^2$

(4)　$(-4a)^3$

(　　　　　　　)　　　　　　　　(　　　　　　　)

(5)　$(-12x) \times 2xy^2$

(6)　$(-3ab) \times (-7b^2)$

(　　　　　　　)　　　　　　　　(　　　　　　　)

(7)　$\dfrac{1}{4}xy \times (-2y)^2$

(8)　$12ab^2 \times \left(-\dfrac{1}{3}b\right)$

(　　　　　　　)　　　　　　　　(　　　　　　　)

(9)　$(-7y)^2 \times (-x)$

(10)　$3a \times (-4b)^2$

(　　　　　　　)　　　　　　　　(　　　　　　　)

(11)　$5xy \times (-3y)^2$

(12)　$8ab \times (-a)^3$

(　　　　　　　)　　　　　　　　(　　　　　　　)

12 単項式の除法

Gi-12

答えと解き方➡別冊p.10

1 次の計算をしなさい。

(1) $10xy \div 2x$

(　　　　　　　　)

(2) $8ab \div (-4b)$

(　　　　　　　　)

(3) $(-12x^2y) \div (-3y)$

(　　　　　　　　)

(4) $(-9a^2b) \div 3ab$

(　　　　　　　　)

(5) $18xy \div \dfrac{3}{2}x$

(　　　　　　　　)

(6) $(-6ab) \div \dfrac{2}{5}b$

(　　　　　　　　)

(7) $15xy^2 \div \dfrac{5}{3}xy$

(　　　　　　　　)

(8) $(-24a^2b) \div \dfrac{3}{4}ab^2$

(　　　　　　　　)

ヒント

1 (1) $10xy \div 2x$

$= \dfrac{10xy}{2x}$

(2) $8ab \div (-4b)$

$= \dfrac{8ab}{-4b}$

(3) $(-12x^2y) \div (-3y)$

$= \dfrac{-12x^2y}{-3y}$

(4) $(-9a^2b) \div 3ab$

$= \dfrac{-9a^2b}{3ab}$

(5) $18xy \div \dfrac{3}{2}x$

$= 18xy \times \dfrac{2}{3x}$

(6) $(-6ab) \div \dfrac{2}{5}b$

$= (-6ab) \times \dfrac{5}{2b}$

(7) $15xy^2 \div \dfrac{5}{3}xy$

$= 15xy^2 \times \dfrac{3}{5xy}$

(8) $(-24a^2b) \div \dfrac{3}{4}ab^2$

$= (-24a^2b) \times \dfrac{4}{3ab^2}$

❷ 次の計算をしなさい。

(1)　$12xy \div (-2y)$

(2)　$20ab \div (-5a)$

（　　　　　　　　　）　　　　　　（　　　　　　　　　）

(3)　$(-6xy^2) \div 4x$

(4)　$(-10ab^2) \div 6ab$

（　　　　　　　　　）　　　　　　（　　　　　　　　　）

(5)　$(-28xy) \div \dfrac{7}{3}x$

(6)　$32ab \div \dfrac{8}{5}a$

（　　　　　　　　　）　　　　　　（　　　　　　　　　）

(7)　$16xy^2 \div \dfrac{4}{3}xy^2$

(8)　$(-36a^2b^2) \div \dfrac{9}{2}ab^2$

（　　　　　　　　　）　　　　　　（　　　　　　　　　）

(9)　$\dfrac{5}{2}xy^2 \div \dfrac{4}{3}xy$

(10)　$\left(-\dfrac{5}{6}ab^2\right) \div \dfrac{1}{3}a^2b$

（　　　　　　　　　）　　　　　　（　　　　　　　　　）

OUTPUT!

13 単項式の乗法と除法

ちょこっと
インプット

Gi-13

答えと解き方 ➡ 別冊p.11

① 次の計算をしなさい。

(1) $xy^2 \times x \div y$

( )

(2) $ab \div b \times a$

( )

(3) $x^2y \div (-xy^2) \times 2$

( )

(4) $a^3b \div ab \times 4$

( )

(5) $4x^2y^2 \times y \div 2y$

( )

(6) $(-6a^3b) \div (-2b) \div a$

( )

(7) $5xy \div (-3x^2y^2) \times (-6)$

( )

(8) $(-2ab) \div 4a^2b \times 3b^2$

( )

ヒント

① (1)$xy^2 \times x \div y$

$= \dfrac{xy^2 \times x}{y}$

(2)$ab \div b \times a$

$= \dfrac{ab \times a}{b}$

(3)$x^2y \div (-xy^2) \times 2$

$= \dfrac{x^2y \times 2}{-xy^2}$

(4)$a^3b \div ab \times 4$

$= \dfrac{a^3b \times 4}{ab}$

(5)$4x^2y^2 \times y \div 2y$

$= \dfrac{4x^2y^2 \times y}{2y}$

(6)$(-6a^3b) \div (-2b) \div a$

$= \dfrac{-6a^3b}{-2b \times a}$

(7)$5xy \div (-3x^2y^2) \times (-6)$

$= \dfrac{5xy \times (-6)}{-3x^2y^2}$

(8)$(-2ab) \div 4a^2b \times 3b^2$

$= \dfrac{-2ab \times 3b^2}{4a^2b}$

❷ 次の計算をしなさい。

(1) $xy \times x^2 \div y^2$

$($ 　　　　　　 $)$

(2) $ab^2 \div a \times ab$

$($ 　　　　　　 $)$

(3) $x^2y \div (-2xy) \times (-8)$

$($ 　　　　　　 $)$

(4) $a^2b \div ab \times (-5a)$

$($ 　　　　　　 $)$

(5) $4xy^2 \times (-5x) \div 2y$

$($ 　　　　　　 $)$

(6) $(-16a^2b^2) \div 4b \div (-a)$

$($ 　　　　　　 $)$

(7) $xy \times (-12) \div 2xy^2$

$($ 　　　　　　 $)$

(8) $(-2a^2b) \div 4ab \times 8b^2$

$($ 　　　　　　 $)$

(9) $(-3xy) \times (-3x^2y) \div (-5x)$

$($ 　　　　　　 $)$

式の値

ちょこっと
インプット

Gi-14

答えと解き方 ➡ 別冊p.11

❶ $a=2$, $b=-1$のとき, 次の式の値を求めなさい。

(1) $2(a+b)+(2a+b)$

( )

(2) $3(a+b)-4(2a-b)$

( )

(3) $8a^2b÷(-4a)$

( )

❷ $a=-2$, $b=\dfrac{1}{2}$のとき, 次の式の値を求めなさい。

(1) $2(a+3b)+(3a-2b)$

( )

(2) $4(2a+b)-(-2a-4b)$

( )

(3) $(-15a^2b^2)÷(-5b)$

( )

💡 ヒント

❶ 式を計算したあと,
aとbの値を代入する。
(1) $2(a+b)+(2a+b)$
$=4a+3b$
(2) $3(a+b)$
 $-4(2a-b)$
$=-5a+7b$
(3) $8a^2b÷(-4a)$
$=-2ab$

❷ 式を計算したあと,
aとbの値を代入する。
(1) $2(a+3b)$
 $+(3a-2b)$
$=5a+4b$
(2) $4(2a+b)$
 $-(-2a-4b)$
$=10a+8b$
(3) $(-15a^2b^2)÷(-5b)$
$=3a^2b$

❸ $a=-3$, $b=-2$ のとき，次の式の値を求めなさい。

(1)　$2(3a+2b)+(-2a+b)$

$($　　　　　　$)$

(2)　$4(a+2b)-3(3a-b)$

$($　　　　　　$)$

(3)　$24a^2b \div 6ab$

$($　　　　　　$)$

❹ $a=-3$, $b=\dfrac{1}{4}$ のとき，次の式の値を求めなさい。

(1)　$2(a+3b)+(3a-2b)$

$($　　　　　　$)$

(2)　$3(2a+b)-(9a-b)$

$($　　　　　　$)$

(3)　$(-28a^2b^2) \div 7ab$

$($　　　　　　$)$

(4)　$5ab^2 \div (-3ab)$

$($　　　　　　$)$

らくらく
マルつけ

Ga-14

15 文字式の利用❶

ちょこっと
インプット

Gi-15

答えと解き方 ➡ 別冊p.12

❶ **次の問いに答えなさい。**

(1) 十の位の数が a, 一の位の数が b である2けたの自然数を求めなさい。

(　　　　　　　　　　)

(2) (1)の数の, 十の位の数と一の位の数を入れかえた数を求めなさい。

(　　　　　　　　　　)

(3) (1)の数と(2)の数の和を求めなさい。

(　　　　　　　　　　)

(4) 次のアにあてはまる最大の整数と, イにあてはまる式を答えなさい。
十の位の数が a, 一の位の数が b である2けたの自然数と, その自然数の十の位の数と一の位の数を入れかえた自然数の和は, ア ×(イ)と表せる。ここで イ は整数であるから, これは ア の倍数である。

ア(　　　　　　) イ(　　　　　　)

❷ **次の問いに答えなさい。**

(1) $a > b$ のとき, 十の位の数が a, 一の位の数が b である2けたの自然数と, その自然数の十の位の数と一の位の数を入れかえた自然数の差を求めなさい。

(　　　　　　　　　　)

(2) 次のアにあてはまる最大の整数と, イにあてはまる式を答えなさい。
$a > b$ のとき, 十の位の数が a, 一の位の数が b である2けたの自然数と, その自然数の十の位の数と一の位の数を入れかえた自然数の差は, ア ×(イ)と表せる。ここで イ は整数であるから, これは ア の倍数である。

ア(　　　　　　) イ(　　　　　　)

💡ヒント

❶(1)$10 \times a + 1 \times b$
(2)$10 \times b + 1 \times a$
(4)a, bは整数であるから, $a + b$も整数である。

❷(1)$a > b$であることに注意する。
(2)a, bは整数であるから, $a - b$も整数である。

❸ 次の問いに答えなさい。

(1) 百の位の数がa, 十の位の数がb, 一の位の数がcである3けたの自然数を求めなさい。

(　　　　　　　　　　　　　　)

(2) (1)の数の, 百の位の数と一の位の数を入れかえた数を求めなさい。

(　　　　　　　　　　　　　　)

(3) $a>c$のとき, (1)の数と(2)の数の差を求めなさい。

(　　　　　　　　　　　　　　)

(4) 次のアにあてはまる最大の整数と, イにあてはまる式を答えなさい。

$a>c$のとき, 百の位の数がa, 十の位の数がb, 一の位の数がcである3けたの自然数と, その自然数の百の位の数と一の位の数を入れかえた自然数の差は, ［ ア ］×（［ イ ］）と表せる。ここで［ イ ］は整数であるから, これは［ ア ］の倍数である。

ア（　　　　　　　　） イ（　　　　　　　　）

❹ 次の問いに答えなさい。

(1) $a>b$のとき, 百の位の数がa, 十の位の数がb, 一の位の数がcである3けたの自然数と, その自然数の百の位の数と十の位の数を入れかえた自然数の差を求めなさい。

(　　　　　　　　　　　　　　)

(2) 次のアにあてはまる最大の整数と, イにあてはまる式を答えなさい。

$a>b$のとき, 百の位の数がa, 十の位の数がb, 一の位の数がcである3けたの自然数と, その自然数の百の位の数と十の位の数を入れかえた自然数の差は, ［ ア ］×（［ イ ］）と表せる。ここで［ イ ］は整数であるから, これは［ ア ］の倍数である。

ア（　　　　　　　　） イ（　　　　　　　　）

16 文字式の利用❷

Gi-16

答えと解き方⇒別冊p.13

❶ 連続する3つの偶数のうち，もっとも小さい数を$2n$と表すとき，次の問いに答えなさい。

(1) 中央の数を求めなさい。

( )

(2) もっとも大きい数を求めなさい。

( )

(3) 連続する3つの偶数の和を求めなさい。

( )

(4) 次のアにあてはまる最大の整数と，イにあてはまる式を答えなさい。

連続する3つの偶数の和は，

　ア　×(　イ　)と表せる。ここで　イ　は整数であるから，これは　ア　の倍数である。

ア( )　イ( )

❷ 連続する3つの整数のうち，もっとも小さい数をnと表すとき，次の問いに答えなさい。

(1) 連続する3つの整数の和を求めなさい。

( )

(2) 次のアにあてはまる最大の整数と，イにあてはまる式を答えなさい。

連続する3つの整数の和は，

　ア　×(　イ　)と表せる。ここで　イ　は整数であるから，これは　ア　の倍数である。

ア( )　イ( )

💡 **ヒント**

❶(1)$(2n)+2$
(2)(1)の数より2だけ大きい数を求める。
(4)nは整数であるから，$n+1$も整数である。

❷(2)nは整数であるから，$n+1$も整数である。

③ 連続する3つの奇数のうち，もっとも小さい数を$2n+1$と表すとき，次の問いに答えなさい。

(1) 中央の数を求めなさい。

(　　　　　　　　　)

(2) もっとも大きい数を求めなさい。

(　　　　　　　　　)

(3) 連続する3つの奇数の和を求めなさい。

(　　　　　　　　　)

(4) 次のアにあてはまる最大の整数と，イにあてはまる式を答えなさい。
連続する3つの奇数の和は，
ア ×(イ)と表せる。ここで イ は整数であるから，これは ア の倍数である。

ア(　　　　　　　) イ(　　　　　　　)

④ 連続する2つの奇数のうち，小さい数を$2n+1$と表すとき，次の問いに答えなさい。

(1) 大きい数を求めなさい。

(　　　　　　　　　)

(2) 連続する2つの奇数の和を求めなさい。

(　　　　　　　　　)

(3) 次のアにあてはまる最大の整数と，イにあてはまる式を答えなさい。
連続する2つの奇数の和は，
ア ×(イ)と表せる。ここで イ は整数であるから，これは ア の倍数である。

ア(　　　　　　　) イ(　　　　　　　)

OUTPUT! 17 文字式の利用❸

Gi-17

答えと解き方➡別冊p.13

❶ 右の青枠のように囲んだ，カレンダーに並んだ３つの数について考える。中央の数を n と表すとき，次の問いに答えなさい。

	1	2	3	4	5	6
7	8	9	10	11	12	13
14	15	16	17	18	19	20
21	22	23	24	25	26	27
28	29	30	31			

(1) もっとも小さい数を，n を使って表しなさい。

（　　　　　　　　　　）

(2) もっとも大きい数を，n を使って表しなさい。

（　　　　　　　　　　）

(3) ３つの数の和を，n を使って表しなさい。

（　　　　　　　　　　）

(4) 次の□□□にあてはまる最大の整数を答えなさい。
３つの数の和は，□□□の倍数である。

（　　　　　　　　　　）

❷ 右の青枠のように囲んだ，カレンダーに並んだ３つの数について考える。中央の数を n と表すとき，次の問いに答えなさい。

	1	2	3	4	5	6
7	8	9	10	11	12	13
14	15	16	17	18	19	20
21	22	23	24	25	26	27
28	29	30	31			

(1) もっとも小さい数を，n を使って表しなさい。

（　　　　　　　　　　）

(2) ３つの数の和を，n を使って表しなさい。

（　　　　　　　　　　）

(3) 次のアにあてはまる最大の整数と，イにあてはまる式を答えなさい。
３つの数の和は，
　□ア□×（□イ□）と表せる。ここで□イ□は整数であるから，これは□ア□の倍数である。

ア（　　　　　　　　） イ（　　　　　　　　）

ヒント

❶(1)(2)カレンダーで，ある数の１つ上の位置の数は，ある数より７だけ小さい。
(4)n は整数であることから考える。

❷(1)カレンダーで，ある数の１つ左の位置の数は，ある数より１だけ小さい。
(3)n は整数であるから，$n+2$ も整数である。

❸ 右の青枠のように囲んだ，カレンダーに並んだ5つの数について考える。中央の数をnと表すとき，次の問いに答えなさい。

	1	2	3	4	5	6
7	8	9	10	11	12	13
14	15	16	17	18	19	20
21	22	23	24	25	26	27
28	29	30	31			

(1) もっとも小さい数を，nを使って表しなさい。

( )

(2) もっとも大きい数を，nを使って表しなさい。

( )

(3) 5つの数の和を，nを使って表しなさい。

( )

(4) 次の [　　　] にあてはまる最大の整数を答えなさい。
　5つの数の和は，[　　　] の倍数である。

( )

❹ 右の青枠のように囲んだ，カレンダーに並んだ4つの数について考える。小さい方から数えて3番目の数をnと表すとき，次の問いに答えなさい。

	1	2	3	4	5	6
7	8	9	10	11	12	13
14	15	16	17	18	19	20
21	22	23	24	25	26	27
28	29	30	31			

(1) もっとも小さい数を，nを使って表しなさい。

( )

(2) もっとも大きい数を，nを使って表しなさい。

( )

(3) 4つの数の和を，nを使って表しなさい。

( )

(4) 次のアにあてはまる最大の整数と，イにあてはまる式を答えなさい。
　4つの数の和は，
　[ア] ×([イ])と表せる。ここで [イ] は整数であるから，これは [ア] の倍数である。

ア( ) イ( )

Ga-17

18 文字式の利用❹

Gi-18

答えと解き方 ➡ 別冊p.13

1 次の等式を x について解きなさい。

(1) $2x+y=6$

(　　　　　　　)

(2) $4xy=12$

(　　　　　　　)

(3) $\dfrac{1}{3}xy=5$

(　　　　　　　)

(4) $3(x+y)=5$

(　　　　　　　)

2 面積が $20\,\text{cm}^2$ である長方形の，縦の長さを $a\,\text{cm}$，横の長さを $b\,\text{cm}$ とすると，$ab=20$ という等式が成り立つ。このとき，次の問いに答えなさい。

(1) $ab=20$ を b について解きなさい。

(　　　　　　　)

(2) (1)で求めた式を利用して，縦の長さが $4\,\text{cm}$ のときの，横の長さを求めなさい。

(　　　　　　　)

ヒント

(1)左辺の y を移項したあと，両辺を 2 でわる。
(2)両辺を $4y$ でわる。
(3)両辺に 3 をかけたあと，両辺を y でわる。
(4)両辺を 3 でわったあと，左辺の y を移項する。

2 (1)両辺を a でわる。
(2)(1)で求めた式に $a=4$ を代入する。

❸ 次の等式を y について解きなさい。

(1) $3x+2y=5$

$($ 　　　　　　　　 $)$

(2) $7x-4y=-6$

$($ 　　　　　　　　 $)$

(3) $-6xy=24$

$($ 　　　　　　　　 $)$

(4) $\dfrac{1}{4}xy=-2$

$($ 　　　　　　　　 $)$

(5) $3(2x-y)=10$

$($ 　　　　　　　　 $)$

❹ 体積が $32\,\mathrm{cm}^3$ である正四角錐の，底辺の正方形の１辺の長さを $a\,\mathrm{cm}$，高さを $h\,\mathrm{cm}$ とすると，$\dfrac{1}{3}a^2h=32$ という等式が成り立つ。このとき，次の問いに答えなさい。

(1) $\dfrac{1}{3}a^2h=32$ を h について解きなさい。

$($ 　　　　　　　　 $)$

(2) (1)で求めた式を利用して，底辺の正方形の１辺の長さが $4\,\mathrm{cm}$ のときの，高さを求めなさい。

$($ 　　　　　　　　 $)$

まとめのテスト❶

／100点

答えと解き方 ➡ 別冊p.14

❶ 次の多項式は何次式か答えなさい。 [5点×2＝10点]

(1) $3x^2y + 5xy^2 - 3xy + y$

$(\qquad\qquad\qquad)$

(2) $-5a^2b^3 + 3a^2b^2 - 7ab$

$(\qquad\qquad\qquad)$

❷ 次の計算をしなさい。 [8点×5＝40点]

(1) $(3x^2 + 4x) + (2x^2 - 6x)$

$(\qquad\qquad\qquad)$

(2) $(4x - 6) - \{8x - (5x + 4)\}$

$(\qquad\qquad\qquad)$

(3) $\left(\dfrac{1}{5}a + \dfrac{2}{3}b\right) + \left(\dfrac{1}{3}a - \dfrac{1}{4}b\right)$

$(\qquad\qquad\qquad)$

(4) $-5(2x^2 - 2x + 3) + 3(4x^2 + 2x + 2)$

$(\qquad\qquad\qquad)$

(5) $\dfrac{x + 3y}{4} - \dfrac{4x - 2y}{7}$

$(\qquad\qquad\qquad)$

❸ 次の２つの式について，あとの問いに答えなさい。[5点×2＝10点]

$-2a+4b-5, \ 2a-3b+4$

(1) ２つの式の和を求めなさい。

(　　　　　　　　)

(2) 左の式から右の式をひいた差を求めなさい。

(　　　　　　　　)

❹ 次の計算をしなさい。[8点×2＝16点]

(1) $-\dfrac{1}{3}xy\times(-3y)^2$

(　　　　　　　　)

(2) $(-4xy)\times(-2x^2y^2)\div 9x$

(　　　　　　　　)

❺ $a=-2$，$b=\dfrac{1}{5}$ のとき，$5(2a+3b)-(7a-5b)$ の値を求めなさい。[9点]

(　　　　　　　　)

❻ 連続する４つの奇数のうち，もっとも小さい数を $2n-1$ と表すとき，次の問いに答えなさい。[5点×3＝15点]

(1) 連続する４つの奇数の和を求めなさい。

(　　　　　　　　)

(2) 次のアにあてはまる最大の整数と，イにあてはまる式を答えなさい。

連続する４つの奇数の和は，

　ア 　×（　イ　）と表せる。ここで　イ　は整数であるから，これは　ア　の倍数である。

ア (　　　　　　　　) イ (　　　　　　　　)

連立方程式

Gi-20

答えと解き方 ➡ 別冊p.15

❶ 次のア～カから，あとの2元1次方程式の解であるものをすべて選びなさい。

ア　$x=1$, $y=2$　　イ　$x=1$, $y=3$　　ウ　$x=1$, $y=-2$

エ　$x=2$, $y=1$　　オ　$x=3$, $y=2$　　カ　$x=-1$, $y=6$

(1)　$2x+y=4$

（　　　　　　　　）

(2)　$x+2y=7$

（　　　　　　　　）

(3)　$3x-y=5$

（　　　　　　　　）

💡 ヒント

❶ x, y の値の組を式に代入して，両辺の値が等しくなるものを選ぶ。

❷ 次のア～カから，あとの連立方程式の解であるものを選びなさい。

ア　$x=1$, $y=2$　　イ　$x=1$, $y=3$　　ウ　$x=2$, $y=1$

エ　$x=2$, $y=2$　　オ　$x=-1$, $y=2$　　カ　$x=-1$, $y=3$

(1)　$\begin{cases} 2x+y=5 \\ x-y=-2 \end{cases}$

（　　　　　　　　）

(2)　$\begin{cases} 3x+2y=3 \\ 4x-y=-7 \end{cases}$

（　　　　　　　　）

❷ x, y の値の組のうち，連立方程式の両方の方程式の解であるものを選ぶ。

❸ 次のア〜カから，あとの2元1次方程式の解であるものをすべて選びなさい。

ア　$x=1$，$y=7$　　イ　$x=1$，$y=-2$　　ウ　$x=2$，$y=2$

エ　$x=2$，$y=9$　　オ　$x=5$，$y=3$　　カ　$x=-1$，$y=1$

(1)　$-2x+y=5$

(　　　　　　　　)

(2)　$3x+2y=-1$

(　　　　　　　　)

(3)　$x-3y=-4$

(　　　　　　　　)

❹ 次のア〜カから，あとの連立方程式の解であるものを選びなさい。

ア　$x=1$，$y=1$　　イ　$x=1$，$y=2$　　ウ　$x=2$，$y=1$

エ　$x=2$，$y=4$　　オ　$x=-1$，$y=1$　　カ　$x=-1$，$y=2$

(1)　$\begin{cases} x+y=3 \\ x-y=1 \end{cases}$

(　　　　　　　　)

(2)　$\begin{cases} x+2y=3 \\ 3x-y=-5 \end{cases}$

(　　　　　　　　)

(3)　$\begin{cases} 3x+2y=14 \\ 4x-3y=-4 \end{cases}$

(　　　　　　　　)

らくらく
マルつけ

加減法❶

Gi-21

答えと解き方 ➡ 別冊p.15

❶ 次の連立方程式を解きなさい。

(1) $\begin{cases} 2x + y = 4 \\ x - y = -1 \end{cases}$

( )

(2) $\begin{cases} 2x + y = 5 \\ -2x + 3y = -1 \end{cases}$

( )

(3) $\begin{cases} x + 3y = 8 \\ 4x + 3y = 5 \end{cases}$

( )

(4) $\begin{cases} 2x + y = 7 \\ 2x - 5y = -11 \end{cases}$

( )

(5) $\begin{cases} x + 2y = -11 \\ -2x + 2y = -2 \end{cases}$

( )

ヒント

❶ 1つ目の方程式を①，2つ目の方程式を②とする。

(1)①＋②より，yを消去して，xの値を先に求める。

(2)①＋②より，xを消去して，yの値を先に求める。

(3)①－②より，yを消去して，xの値を先に求める。

(4)①－②より，xを消去して，yの値を先に求める。

(5)①－②より，yを消去して，xの値を先に求める。

❷ 次の連立方程式を解きなさい。

(1) $\begin{cases} x + y = 6 \\ 3x - y = 2 \end{cases}$

(   )

(2) $\begin{cases} x + 4y = 21 \\ -x + y = 4 \end{cases}$

(   )

(3) $\begin{cases} x - 2y = -6 \\ 3x - 2y = -10 \end{cases}$

(   )

(4) $\begin{cases} 2x - 3y = -6 \\ 2x + 5y = 26 \end{cases}$

(   )

(5) $\begin{cases} 4x + 3y = -13 \\ -5x + 3y = -4 \end{cases}$

(   )

(6) $\begin{cases} 5x + 4y = -18 \\ -3x + 4y = -2 \end{cases}$

(   )

らくらく
マルつけ

Ga-21

加減法❷

GI-22

答えと解き方➡別冊p.16

❶ 次の連立方程式を解きなさい。

(1) $\begin{cases} x + y = 3 \\ 2x - 3y = 1 \end{cases}$

( )

(2) $\begin{cases} 2x + 5y = -1 \\ x + 4y = -2 \end{cases}$

( )

(3) $\begin{cases} 3x + y = -2 \\ 5x + 3y = 2 \end{cases}$

( )

(4) $\begin{cases} 2x + y = 6 \\ -7x - 4y = -22 \end{cases}$

( )

(5) $\begin{cases} -4x - 3y = 15 \\ -2x + 5y = 1 \end{cases}$

( )

💡ヒント

❶ 1つ目の方程式を①，2つ目の方程式を②とする。

(1)①×2－②より，xを消去して，yの値を先に求める。

(2)②×2－①より，xを消去して，yの値を先に求める。

(3)①×3－②より，yを消去して，xの値を先に求める。

(4)①×4＋②より，yを消去して，xの値を先に求める。

(5)②×2－①より，xを消去して，yの値を先に求める。

❷ 次の連立方程式を解きなさい。

(1) $\begin{cases} x + y = 7 \\ 3x - 4y = -7 \end{cases}$

( )

(2) $\begin{cases} 6x - y = 7 \\ -x + 5y = 23 \end{cases}$

( )

(3) $\begin{cases} x + 4y = 5 \\ 3x - y = -11 \end{cases}$

( )

(4) $\begin{cases} -5x - 6y = -19 \\ 7x + 2y = 1 \end{cases}$

( )

(5) $\begin{cases} 3x - 4y = 6 \\ -5x + 2y = 4 \end{cases}$

( )

(6) $\begin{cases} -4x + 5y = -3 \\ -3x + 10y = -21 \end{cases}$

( )

OUTPUT! 23 加減法❸

ちょこっと
インプット

Gi-23

答えと解き方 ➡ 別冊p.17

❶ 次の連立方程式を解きなさい。

(1) $\begin{cases} 3x + 2y = 7 \\ 2x - 3y = -4 \end{cases}$

(　　　　　　　　)

(2) $\begin{cases} 2x + 3y = -2 \\ 5x + 4y = 2 \end{cases}$

(　　　　　　　　)

(3) $\begin{cases} 7x + 4y = 5 \\ 3x + 5y = 12 \end{cases}$

(　　　　　　　　)

(4) $\begin{cases} 3x + 4y = 17 \\ -2x - 3y = -12 \end{cases}$

(　　　　　　　　)

(5) $\begin{cases} -2x - 7y = 22 \\ -5x + 9y = 2 \end{cases}$

(　　　　　　　　)

💡 ヒント

❶ 1つ目の方程式を
①，2つ目の方程式を
②とする。

(1)①×2−②×3より，
xを消去して，yの値
を先に求める。

(2)①×4−②×3より，
yを消去して，xの値
を先に求める。

(3)①×5−②×4より，
yを消去して，xの値
を先に求める。

(4)①×2＋②×3より，
xを消去して，yの値
を先に求める。

(5)①×5−②×2より，
xを消去して，yの値
を先に求める。

❷ 次の連立方程式を解きなさい。

(1) $\begin{cases} 4x + 3y = 20 \\ 3x - 4y = -10 \end{cases}$

（　　　　　　　　　）

(2) $\begin{cases} 5x - 6y = 9 \\ -2x + 5y = -1 \end{cases}$

（　　　　　　　　　）

(3) $\begin{cases} 2x + 5y = 9 \\ 7x + 4y = -9 \end{cases}$

（　　　　　　　　　）

(4) $\begin{cases} -5x - 2y = -5 \\ 8x + 3y = 7 \end{cases}$

（　　　　　　　　　）

(5) $\begin{cases} 2x - 3y = -13 \\ -9x - 8y = -6 \end{cases}$

（　　　　　　　　　）

(6) $\begin{cases} -3x + 7y = -18 \\ -8x + 5y = -7 \end{cases}$

（　　　　　　　　　）

代入法❶

ちょこっと
インプット

Gi-24

答えと解き方 ➡ 別冊p.18

❶ 次の連立方程式を解きなさい。

(1) $\begin{cases} y = 2x \\ 3x - y = 2 \end{cases}$

(　　　　　　)

(2) $\begin{cases} 2x + 3y = 1 \\ x = 2y + 4 \end{cases}$

(　　　　　　)

(3) $\begin{cases} 3x + 4y = 0 \\ y = -2x - 5 \end{cases}$

(　　　　　　)

(4) $\begin{cases} x = 2y + 7 \\ -3x - 4y = -1 \end{cases}$

(　　　　　　)

(5) $\begin{cases} y = -2x + 9 \\ y = 3x - 16 \end{cases}$

(　　　　　　)

💡 ヒント

❶ 1つ目の方程式を
①，2つ目の方程式を
②とする。
(1)①を②に代入して，
yを消去する。
(2)②を①に代入して，
xを消去する。
(3)②を①に代入して，
yを消去する。
(4)①を②に代入して，
xを消去する。
(5)①を②に代入して，
yを消去する。

❷ 次の連立方程式を解きなさい。

(1) $\begin{cases} x = 3y \\ 2x - 5y = 3 \end{cases}$

$($ $)$

(2) $\begin{cases} 3x + 4y = 1 \\ x = -2y - 1 \end{cases}$

$($ $)$

(3) $\begin{cases} y = 3x + 1 \\ 4y = 7x - 6 \end{cases}$

$($ $)$

(4) $\begin{cases} x = 3y + 15 \\ 5x - 2y = 23 \end{cases}$

$($ $)$

(5) $\begin{cases} y = -2x + 7 \\ -3x - 7y = -5 \end{cases}$

$($ $)$

(6) $\begin{cases} y = 3x + 7 \\ y = -2x - 13 \end{cases}$

$($ $)$

代入法❷

Gi-25

答えと解き方 ➡ 別冊p.18

❶ 次の連立方程式を代入法で解きなさい。

(1) $\begin{cases} y-3x=0 \\ 4x-y=1 \end{cases}$

( )

(2) $\begin{cases} 3x+2y=-2 \\ x-3y=-8 \end{cases}$

( )

(3) $\begin{cases} 2x+3y=-2 \\ y+3x=-10 \end{cases}$

( )

(4) $\begin{cases} x-3y=6 \\ -2x-5y=-1 \end{cases}$

( )

(5) $\begin{cases} y+2x=3 \\ 3x+2y=2 \end{cases}$

( )

ヒント

❶ 加減法で解くこともできるが，ここではどちらかの式を変形して代入法を利用する。
1つ目の方程式を①，2つ目の方程式を②とする。

(1)①を変形した $y=3x$ を②に代入して，yを消去する。

(2)②を変形した $x=3y-8$ を①に代入して，xを消去する。

(3)②を変形した $y=-3x-10$ を①に代入して，yを消去する。

(4)①を変形した $x=3y+6$ を②に代入して，xを消去する。

(5)①を変形した $y=-2x+3$ を②に代入して，yを消去する。

❷ 次の連立方程式を代入法で解きなさい。

(1) $\begin{cases} x+6y=0 \\ 3x+8y=10 \end{cases}$

(   )

(2) $\begin{cases} 3x+2y=-7 \\ x+4y=1 \end{cases}$

(   )

(3) $\begin{cases} y-2x=7 \\ 5y=-7x+1 \end{cases}$

(   )

(4) $\begin{cases} x-3y=12 \\ 7x-2y=-11 \end{cases}$

(   )

(5) $\begin{cases} y+2x=5 \\ -6x-5y=-9 \end{cases}$

(   )

(6) $\begin{cases} y+3x=-1 \\ 4y=-7x+6 \end{cases}$

(   )

OUTPUT!

26 いろいろな連立方程式❶

ちょこっと
インプット

Gi-26

答えと解き方 ➡ 別冊p.19

❶ 次の連立方程式を解きなさい。

(1) $\begin{cases} 2(3x+y)-1=13 \\ 3x-y=5 \end{cases}$

(　　　　　　　　)

(2) $\begin{cases} 3(2x-y)-5=19 \\ 5x+3y=9 \end{cases}$

(　　　　　　　　)

(3) $\begin{cases} 3x+4y=13 \\ -4(3x+2y)+9=-11 \end{cases}$

(　　　　　　　　)

(4) $\begin{cases} 2(3x-2y)-x=-5 \\ -3x+4y=11 \end{cases}$

(　　　　　　　　)

(5) $\begin{cases} -2(x-2y)-3y=7 \\ -3(2x+y)+4x=11 \end{cases}$

(　　　　　　　　)

💡 ヒント

❶ 1つ目の方程式を①, 2つ目の方程式を②とする。
(1)(2)(4)はじめに, ①のかっこをはずして整理する。
(3)はじめに, ②のかっこをはずして整理する。
(5)はじめに, ①と②それぞれのかっこをはずして整理する。

❷ 次の連立方程式を解きなさい。

(1) $\begin{cases} 2(3x-5y)+23=-9 \\ -3x-4y=-2 \end{cases}$

(   )

(2) $\begin{cases} 4(x+3y)+3=-5 \\ 5x-6y=32 \end{cases}$

(   )

(3) $\begin{cases} -5x+3y=-4 \\ -5(2x-y)+9=4 \end{cases}$

(   )

(4) $\begin{cases} 2(3x-2y)+3x=-6 \\ -2x+y=2 \end{cases}$

(   )

(5) $\begin{cases} 4(2x-3y)+3y=11 \\ -3(3x-y)+4x=1 \end{cases}$

(   )

(6) $\begin{cases} -3(x-3y)-4y=-25 \\ -4(3x+y)+9x=-7 \end{cases}$

(   )

いろいろな連立方程式❷

ちょこっとインプット

Gi-27

答えと解き方 ➡ 別冊p.20

❶ 次の連立方程式を解きなさい。

(1) $\begin{cases} 0.1x + 0.1y = 0.4 \\ 2x - 3y = 3 \end{cases}$

( )

(2) $\begin{cases} 2x + 3y = -5 \\ 0.3x + 0.1y = 0.3 \end{cases}$

( )

(3) $\begin{cases} 0.03x + 0.02y = 0.02 \\ 5x + 4y = 6 \end{cases}$

( )

(4) $\begin{cases} 0.3x + 0.5y = 1.9 \\ 0.7x - 0.2y = 1.7 \end{cases}$

( )

(5) $\begin{cases} -0.4x - 0.3y = 1.8 \\ -0.05x + 0.02y = 0.11 \end{cases}$

( )

💡 ヒント

❶ 1つ目の方程式を①，2つ目の方程式を②とする。
(1)はじめに，①の両辺を10倍する。
(2)はじめに，②の両辺を10倍する。
(3)はじめに，①の両辺を100倍する。
(4)はじめに，①と②の両辺を10倍する。
(5)はじめに，①の両辺を10倍，②の両辺を100倍する。

❷ 次の連立方程式を解きなさい。

(1) $\begin{cases} 0.2x + 0.1y = 1 \\ 5x - 4y = -1 \end{cases}$

(　　　　　　　　　)

(2) $\begin{cases} 5x - 2y = 5 \\ -0.1x + 0.3y = 1.2 \end{cases}$

(　　　　　　　　　)

(3) $\begin{cases} 0.02x + 0.05y = -0.01 \\ 3x - y = -10 \end{cases}$

(　　　　　　　　　)

(4) $\begin{cases} -0.3x - 0.6y = -1.8 \\ 0.7x + 0.2y = -0.6 \end{cases}$

(　　　　　　　　　)

(5) $\begin{cases} 0.03x - 0.04y = 0.03 \\ -0.05x + 0.09y = -0.12 \end{cases}$

(　　　　　　　　　)

(6) $\begin{cases} -0.05x - 0.03y = -0.02 \\ 0.4x + 0.7y = -2.6 \end{cases}$

(　　　　　　　　　)

らくらく
＼マルつけ／

Ga-27

いろいろな連立方程式❸

答えと解き方 ➡ 別冊p.21

❶ 次の連立方程式を解きなさい。

(1) $\begin{cases} \dfrac{1}{3}x + \dfrac{3}{4}y = 4 \\ 2x - y = 2 \end{cases}$

( )

(2) $\begin{cases} 5x + 3y = 4 \\ \dfrac{3}{2}x + \dfrac{1}{2}y = 2 \end{cases}$

( )

(3) $\begin{cases} 4x + y = -5 \\ -\dfrac{1}{2}x + \dfrac{1}{3}y = 2 \end{cases}$

( )

(4) $\begin{cases} \dfrac{1}{10}x + \dfrac{1}{6}y = 1 \\ -\dfrac{2}{5}x - \dfrac{1}{3}y = -3 \end{cases}$

( )

(5) $\begin{cases} -\dfrac{1}{3}x - \dfrac{1}{2}y = 4 \\ -\dfrac{1}{6}x + \dfrac{3}{4}y = -2 \end{cases}$

( )

ヒント

❶1つ目の方程式を①，2つ目の方程式を②とする。
(1)はじめに，①の両辺を12倍する。
(2)はじめに，②の両辺を2倍する。
(3)はじめに，②の両辺を6倍する。
(4)はじめに，①の両辺を30倍，②の両辺を15倍する。
(5)はじめに，①の両辺を6倍，②の両辺を12倍する。

2 次の連立方程式を解きなさい。

(1) $\begin{cases} \dfrac{1}{3}x + \dfrac{1}{4}y = 3 \\ 4x - 3y = -12 \end{cases}$

(　　　　　　　)

(2) $\begin{cases} 4x - y = 5 \\ -\dfrac{5}{2}x - 2y = -11 \end{cases}$

(　　　　　　　)

(3) $\begin{cases} \dfrac{5}{6}x + \dfrac{3}{5}y = 2 \\ -2x - 3y = 3 \end{cases}$

(　　　　　　　)

(4) $\begin{cases} -\dfrac{1}{6}x - \dfrac{1}{3}y = -\dfrac{1}{3} \\ 7x + 5y = -4 \end{cases}$

(　　　　　　　)

(5) $\begin{cases} \dfrac{1}{4}x - \dfrac{2}{3}y = 1 \\ -\dfrac{3}{2}x + \dfrac{1}{3}y = 5 \end{cases}$

(　　　　　　　)

(6) $\begin{cases} -\dfrac{3}{4}x + \dfrac{1}{2}y = -8 \\ -\dfrac{1}{8}x + \dfrac{3}{8}y = -\dfrac{5}{2} \end{cases}$

(　　　　　　　)

らくらく
＼マルつけ／

Ga-28

Gi-29

いろいろな連立方程式❹

答えと解き方 ➡ 別冊p.22

❶ 次の連立方程式を解きなさい。

(1) $\begin{cases} \dfrac{x+y}{2} = \dfrac{5}{2} \\ 3x + y = 9 \end{cases}$

(　　　　　　)

(2) $\begin{cases} 2x + 3y = 1 \\ \dfrac{x-2y}{8} = \dfrac{1}{2} \end{cases}$

(　　　　　　)

(3) $\begin{cases} 5x + 6y = 14 \\ \dfrac{3x+2y}{6} = \dfrac{1}{3} \end{cases}$

(　　　　　　)

(4) $\begin{cases} \dfrac{2x-y}{10} = \dfrac{1}{2} \\ \dfrac{x+2y}{5} = 2 \end{cases}$

(　　　　　　)

(5) $\begin{cases} \dfrac{x+4y}{6} = -\dfrac{1}{3} \\ \dfrac{2x-3y}{12} = \dfrac{3}{2} \end{cases}$

(　　　　　　)

💡ヒント

❶1つ目の方程式を
①，2つ目の方程式を
②とする。
(1)はじめに，①の両辺
を2倍する。
(2)はじめに，②の両辺
を8倍する。
(3)はじめに，②の両辺
を6倍する。
(4)はじめに，①の両辺
を10倍，②の両辺を
5倍する。
(5)はじめに，①の両辺
を6倍，②の両辺を
12倍する。

❷ 次の連立方程式を解きなさい。

(1)
$$\begin{cases} \dfrac{x-2y}{8} = -\dfrac{1}{2} \\ x+4y=2 \end{cases}$$

(   )

(2)
$$\begin{cases} 3x+5y=-1 \\ \dfrac{-x-3y}{9} = \dfrac{1}{3} \end{cases}$$

(   )

(3)
$$\begin{cases} 2x-3y=-23 \\ \dfrac{4x+2y}{3} = -2 \end{cases}$$

(   )

(4)
$$\begin{cases} \dfrac{3x-y}{4} = 4 \\ \dfrac{2x+3y}{12} = \dfrac{3}{2} \end{cases}$$

(   )

(5)
$$\begin{cases} \dfrac{2x+3y}{15} = \dfrac{1}{3} \\ \dfrac{3x-3y}{20} = \dfrac{3}{4} \end{cases}$$

(   )

(6)
$$\begin{cases} \dfrac{x+2y}{3} = -4 \\ \dfrac{2x-3y}{6} = -\dfrac{5}{3} \end{cases}$$

(   )

らくらく
マルつけ

Ga-29

OUTPUT!
30

いろいろな連立方程式❺

Gi-30

答えと解き方➡別冊p.23

❶ 次の連立方程式を解きなさい。

(1) $3x + y = x + 2y = 5$

$($ 　　　　　　 $)$

(2) $x - 5y = 2x - 2y = 8$

$($ 　　　　　　 $)$

(3) $2x + y = 3x + 2y = 3y - 8$

$($ 　　　　　　 $)$

(4) $x - y = 2x + y = 3x - 6$

$($ 　　　　　　 $)$

(5) $3x + y = x - y = -x + 9$

$($ 　　　　　　 $)$

ヒント

❶ $A = B = C$の形で表された連立方程式は，以下の例のように，$A = B$, $A = C$, $B = C$のうち，いずれか2つの式を組み合わせて解く。

(1) $\begin{cases} 3x + y = 5 \\ x + 2y = 5 \end{cases}$

(2) $\begin{cases} x - 5y = 8 \\ 2x - 2y = 8 \end{cases}$

(3) $\begin{cases} 2x + y = 3y - 8 \\ 3x + 2y = 3y - 8 \end{cases}$

(4) $\begin{cases} x - y = 2x + y \\ x - y = 3x - 6 \end{cases}$

(5) $\begin{cases} 3x + y = -x + 9 \\ x - y = -x + 9 \end{cases}$

❷ 次の連立方程式を解きなさい。

(1)　$3x + y = 7x + 2y = 1$

（　　　　　　　　　）

(2)　$2x - y = -x - 5y = 11$

（　　　　　　　　　）

(3)　$2x + y = x + y - 3 = 2y - 4$

（　　　　　　　　　）

(4)　$3x - y = 5x + y + 4 = x - 2y$

（　　　　　　　　　）

(5)　$2x + 2y = -x - 3y = -2y - 2$

（　　　　　　　　　）

(6)　$x + 4y = 2x - y + 9 = -x - 2y - 2$

（　　　　　　　　　）

31 いろいろな連立方程式❻

Gi-31

答えと解き方 ➡ 別冊p.24

❶ 次の連立方程式の解が $x=2$，$y=-1$ であるとき，a，b それぞれの値を求めなさい。

(1) $\begin{cases} ax + by = 4 \\ ax - by = 8 \end{cases}$

（　　　　　　　　）

(2) $\begin{cases} 2ax + by = -9 \\ ax - 3by = -1 \end{cases}$

（　　　　　　　　）

(3) $\begin{cases} bx + ay = 6 \\ ax - 2by = 12 \end{cases}$

（　　　　　　　　）

(4) $\begin{cases} ay - 2bx = 9 \\ ax + by = 9 \end{cases}$

（　　　　　　　　）

💡 ヒント

❶ 以下のように，それぞれの連立方程式に $x=2$，$y=-1$ を代入して a，b についての連立方程式として解く。

(1) $\begin{cases} 2a-b=4 \\ 2a+b=8 \end{cases}$

(2) $\begin{cases} 4a-b=-9 \\ 2a+3b=-1 \end{cases}$

(3) $\begin{cases} 2b-a=6 \\ 2a+2b=12 \end{cases}$

(4) $\begin{cases} -a-4b=9 \\ 2a-b=9 \end{cases}$

❷ 次の連立方程式の解が $x=-3$，$y=2$ であるとき，a，b それぞれの値を求めなさい。

(1) $\begin{cases} ax+4by=2 \\ ax-by=-8 \end{cases}$

$($ 　　　　　　　　　　　　 $)$

(2) $\begin{cases} ax+by=9 \\ 2ax-3by=-12 \end{cases}$

$($ 　　　　　　　　　　　　 $)$

(3) $\begin{cases} ay+bx=12 \\ ax-2by=-1 \end{cases}$

$($ 　　　　　　　　　　　　 $)$

❸ 次の連立方程式の解が $x=-1$，$y=-2$ であるとき，a，b それぞれの値を求めなさい。

(1) $\begin{cases} ax+2by=-14 \\ ax-2by=10 \end{cases}$

$($ 　　　　　　　　　　　　 $)$

(2) $\begin{cases} 3bx+ay=1 \\ 2ax-by=6 \end{cases}$

$($ 　　　　　　　　　　　　 $)$

32 連立方程式の利用❶

答えと解き方➡別冊p.25

❶ 2けたの自然数があり，十の位の数と一の位の数の和は5である。また，十の位の数と一の位の数を入れかえた数は，もとの数より9だけ小さくなる。もとの数の十の位の数を x，一の位の数を y として，次の問いに答えなさい。

(1) 十の位の数と一の位の数の和が5であることから方程式をつくりなさい。

$$(\qquad\qquad)$$

(2) 十の位の数と一の位の数を入れかえた数が，もとの数より9だけ小さくなることから方程式をつくりなさい。

$$(\qquad\qquad)$$

(3) (1)の方程式と(2)の方程式を連立方程式として解くことで，もとの数を求めなさい。

$$(\qquad\qquad)$$

❷ 2けたの自然数があり，一の位の数を3倍して1をたすと十の位の数と等しくなる。また，十の位の数と一の位の数を入れかえた数は，もとの数より27だけ小さくなる。もとの数の十の位の数を x，一の位の数を y として，次の問いに答えなさい。

(1) 一の位の数を3倍して1をたすと十の位の数と等しくなることから方程式をつくりなさい。

$$(\qquad\qquad)$$

(2) もとの数を求めなさい。

$$(\qquad\qquad)$$

ヒント

❶(1) x と y の和は5である。
(2)もとの数は $10x+y$，十の位の数と一の位の数を入れかえた数は $10y+x$ と表せる。
(3) x と y の値を求め，$10x+y$ に代入する。

❷(1) x と $3y+1$ は等しい。
(2)十の位の数と一の位の数を入れかえた数が，もとの数より27だけ小さくなることから方程式をつくり，(1)の方程式との連立方程式を解く。

❸ 2けたの自然数があり，十の位の数と一の位の数の和は10である。また，十の位の数と一の位の数を入れかえた数は，もとの数より18だけ小さくなる。もとの数を求めなさい。

(   )

❹ 2けたの自然数があり，十の位の数と一の位の数の和は9である。また，十の位の数と一の位の数を入れかえた数は，もとの数より27だけ大きくなる。もとの数を求めなさい。

(   )

❺ 2けたの自然数があり，十の位の数を2倍して1をひくと一の位の数と等しくなる。また，十の位の数と一の位の数を入れかえた数は，もとの数より36だけ大きくなる。もとの数を求めなさい。

(   )

連立方程式の利用❷

ちょこっと
インプット

Gi-33

答えと解き方 ➡ 別冊p.25

❶ 1個400円のケーキと1個300円のプリンを合わせて7個買う
と，代金は2300円になった。ケーキを x 個，プリンを y 個買っ
たとして，次の問いに答えなさい。

(1) ケーキとプリンを合わせて7個買ったことから方程式をつくり
なさい。

( )

(2) 代金が2300円になったことから方程式をつくりなさい。

( )

(3) (1)の方程式と(2)の方程式を連立方程式として解くことで，ケー
キとプリンをそれぞれ何個買ったか求めなさい。

ケーキ( )

プリン( )

❷ ある博物館に，大人5人と中学生3人が入館するときの入館料は
4700円であった。また，大人4人と中学生8人が入館するとき
の入館料は6000円であった。大人1人の入館料を x 円，中学生
1人の入館料を y 円として，次の問いに答えなさい。

(1) 大人5人と中学生3人が入館するときの入館料が4700円であ
ることから方程式をつくりなさい。

( )

(2) 大人1人の入館料と，中学生1人の入館料をそれぞれ求めなさ
い。

大人( )

中学生( )

ヒント

❶ (1) x と y の和は7で
ある。
(2)代金は x と y を使っ
て，$400x + 300y$ と表
せる。

❷ (1)入館料の合計は x
と y を使って，$5x + 3y$
と表せる。
(2)大人4人と中学生8
人の入館料の合計から
方程式をつくり，(1)の
方程式との連立方程式
を解く。

❸ 1個150円のりんごと1個100円のみかんを合わせて15個買うと，代金は1900円になった。りんごとみかんをそれぞれ何個買ったか求めなさい。

りんご（　　　　　　）

みかん（　　　　　　）

❹ 1本200円のボールペンと1本80円の鉛筆を合わせて11本買うと，代金は1120円になった。ボールペンと鉛筆をそれぞれ何本買ったか求めなさい。

ボールペン（　　　　　　）

鉛筆（　　　　　　）

❺ ある展示会に，大人2人と中学生3人が入場するときの入場料は3300円であった。また，大人5人と中学生9人が入場するときの入場料は9000円であった。大人1人の入場料と，中学生1人の入場料をそれぞれ求めなさい。

大人（　　　　　　）

中学生（　　　　　　）

34 連立方程式の利用❸

Gi-34

答えと解き方 ➡ 別冊p.26

❶ 周囲が2400mの池のまわりを，Aさんは徒歩で，Bさんは自転車でまわる。同じ場所から進み始めて，反対の方向に進むと12分後に初めて出会う。また，同じ方向に進むと24分後にBさんがAさんに初めて追いつく。Aさんの速さを分速xm，Bさんの速さを分速ymとして，次の問いに答えなさい。

(1) 反対の方向に進むと12分後に初めて出会うことから方程式をつくりなさい。

（　　　　　　　　　　　　　）

(2) 同じ方向に進むと24分後にBさんがAさんに初めて追いつくことから方程式をつくりなさい。

（　　　　　　　　　　　　　）

(3) (1)の方程式と(2)の方程式を連立方程式として解くことで，AさんとBさんの速さを求めなさい。

Aさん（　　　　　　　　　　）

Bさん（　　　　　　　　　　）

ヒント

❶ (1)Aさんが12分間で進んだ道のりと，Bさんが12分間で進んだ道のりの和は2400mである。
(2) Bさんが24分間で進んだ道のりと，Aさんが24分間で進んだ道のりの差は2400mである。

❷ ある列車が750mの橋を渡り始めてから渡り終えるまでに30秒かかった。また，1050mのトンネルに入り始めてから出終えるまでに40秒かかった。列車の長さをxm，列車の速さを秒速ymとして，次の問いに答えなさい。

(1) 750mの橋を渡り始めてから渡り終えるまでに30秒かかることから方程式をつくりなさい。

（　　　　　　　　　　　　　）

(2) 列車の長さと，列車の速さをそれぞれ求めなさい。

長さ（　　　　　　　　　）

速さ（　　　　　　　　　）

❷ (1)列車は30秒間に，橋の長さと列車の長さを合わせた長さだけ進んでいる。
(2)1050mのトンネルに入り始めてから出終えるまでに40秒かかったことから方程式をつくり，(1)の方程式との連立方程式を解く。

❸ 周囲が2800mの池のまわりを，Aさんは自転車で，Bさんは徒歩でまわる。同じ場所から進み始めて，反対の方向に進むと14分後に初めて出会う。また，同じ方向に進むと35分後にAさんがBさんに初めて追いつく。AさんとBさんの速さをそれぞれ求めなさい。

Aさん（　　　　　　　　　　）

Bさん（　　　　　　　　　　）

❹ ある列車が600mの橋を渡り始めてから渡り終えるまでに20秒かかった。また，1000mのトンネルに入り始めてから出終えるまでに30秒かかった。列車の長さと，列車の速さをそれぞれ求めなさい。

長さ（　　　　　　　　　　）

速さ（　　　　　　　　　　）

❺ ある列車が730mの橋を渡り始めてから渡り終えるまでに26秒かかった。また，1010mのトンネルに入り始めてから出終えるまでに34秒かかった。列車の長さと，列車の速さをそれぞれ求めなさい。

長さ（　　　　　　　　　　）

速さ（　　　　　　　　　　）

連立方程式の利用❹

Gi-35

答えと解き方➡別冊p.26

❶ 2種類のポンプA，Bを使って水そうに水を入れる。両方のポンプを8分使うと40Lの水が入る。ポンプAを3分使ったあと，両方のポンプを7分使うと41Lの水が入る。ポンプAは1分間にxL，ポンプBは1分間にyLの水を入れることができるとして，次の問いに答えなさい。

(1) 両方のポンプを8分使うと40Lの水が入ることから方程式をつくりなさい。

( )

(2) ポンプAを3分使ったあと，両方のポンプを7分使うと41Lの水が入ることから方程式をつくりなさい。

( )

(3) (1)の方程式と(2)の方程式を連立方程式として解くことで，ポンプA，Bが1分間に入れることのできる水の量をそれぞれ求めなさい。

ポンプA( )

ポンプB( )

❷ ある中学校の昨年の生徒数は男女あわせて390人であった。今年は昨年より男子が5%，女子が10%増えたため，全体で29人増えた。昨年の，男子の人数をx人，女子の人数をy人として，次の問いに答えなさい。

(1) 昨年より，男子が5%，女子が10%増え，それらの和が29人であることから方程式をつくりなさい。

( )

(2) 昨年の，男子の人数，女子の人数をそれぞれ求めなさい。

男子( )

女子( )

💡ヒント

❶ (1)ポンプAによって8分間に入る水の量と，ポンプBによって8分間に入る水の量の和は40Lである。
(2)ポンプAによって$(3+7)$分間に入る水の量と，ポンプBによって7分間に入る水の量の和は41Lである。

❷ (1)男子の増えた人数は$\frac{5}{100}x$人，女子の増えた人数は$\frac{10}{100}y$人と表せる。
(2)昨年の全体の人数から方程式をつくり，(1)の方程式との連立方程式を解く。

3 2種類のポンプA，Bを使って水そうに水を入れる。両方のポンプを5分使うと50L の水が入る。ポンプAを2分使ったあと，両方のポンプを6分使うと68Lの水が入る。 ポンプA，Bが1分間に入れることのできる水の量をそれぞれ求めなさい。

ポンプA(　　　　　　　)

ポンプB(　　　　　　　)

4 ある中学校の昨年の生徒数は男女あわせて340人であった。今年は昨年より男子が 10%増え，女子が5%減ったため，全体で7人増えた。昨年の，男子の人数，女子の 人数をそれぞれ求めなさい。

男子(　　　　　　　)

女子(　　　　　　　)

5 ある中学校の昨年の生徒数は男女あわせて460人であった。今年は昨年より男子が 10%増え，女子が10%減ったため，全体で2人減った。昨年の，男子の人数，女子の 人数をそれぞれ求めなさい。

男子(　　　　　　　)

女子(　　　　　　　)

連立方程式の利用❺

OUTPUT! 36

Gi-36

答えと解き方 ➡ 別冊p.27

❶ あるお店でケーキとチョコレートを定価で1個ずつ買うと，代金の合計は700円になる。また，特売日にはケーキは定価の10%引き，チョコレートは定価の5%引きになり，代金の合計は定価のときより60円安くなる。ケーキ1個の定価をx円，チョコレート1個の定価をy円として，次の問いに答えなさい。

(1) 定価で買うときの代金の合計から方程式をつくりなさい。

( )

(2) ケーキの値引き額とチョコレートの値引き額の和が60円であることから方程式をつくりなさい。

( )

(3) (1)の方程式と(2)の方程式を連立方程式として解くことで，ケーキとチョコレートの定価をそれぞれ求めなさい。

ケーキ( )

チョコレート( )

> **ヒント**
>
> **❶** (1)xとyの和は700である。
> (2)ケーキの値引き額は$\frac{10}{100}x$円，チョコレートの値引き額は$\frac{5}{100}y$円と表せる。

❷ 3%の食塩水と6%の食塩水を混ぜて，5%の食塩水を600g作る。3%の食塩水をxg，6%の食塩水をyg混ぜるとして，次の問いに答えなさい。

(1) 食塩の量の関係から方程式をつくりなさい。

( )

(2) 3%の食塩水，6%の食塩水それぞれの量を求めなさい。

3%の食塩水( )

6%の食塩水( )

> **❷** (1)混ぜる前とあとで食塩の量は変わらない。3%の食塩水には$\frac{3}{100}x$g，6%の食塩水には$\frac{6}{100}y$gの食塩がふくまれる。
> (2)食塩水の量の合計から方程式をつくり，(1)の方程式との連立方程式を解く。

❸ あるお店で弁当とおにぎりを定価で1個ずつ買うと，代金の合計は750円になる。また，特売日には弁当は定価の2割引き，おにぎりは定価の1割引きになり，代金の合計は定価のときより135円安くなる。弁当1個の定価，おにぎり1個の定価をそれぞれ求めなさい。

弁当（　　　　　　　　）

おにぎり（　　　　　　　　）

❹ 3%の食塩水と7%の食塩水を混ぜて，4%の食塩水を400g作る。3%の食塩水，7%の食塩水それぞれの量を求めなさい。

3%の食塩水（　　　　　　　　）

7%の食塩水（　　　　　　　　）

❺ 3%の食塩水と8%の食塩水を混ぜて，6%の食塩水を1000g作る。3%の食塩水，8%の食塩水それぞれの量を求めなさい。

3%の食塩水（　　　　　　　　）

8%の食塩水（　　　　　　　　）

37 まとめのテスト❷

／100点

答えと解き方 ➡ 別冊p.28

❶ 次の連立方程式を解きなさい。 [10点×5＝50点]

(1) $\begin{cases} 5x + 3y = 4 \\ 4x + 7y = 17 \end{cases}$

(　　　　　　　　　)

(2) $\begin{cases} 3x + 4y = -1 \\ y + 2x = -4 \end{cases}$

(　　　　　　　　　)

(3) $\begin{cases} 0.03x - 0.04y = 0.06 \\ -0.05x + 0.08y = -0.14 \end{cases}$

(　　　　　　　　　)

(4) $\begin{cases} \dfrac{1}{8}x + \dfrac{1}{6}y = 1 \\ -\dfrac{3}{2}x + \dfrac{1}{3}y = -5 \end{cases}$

(　　　　　　　　　)

(5) $4x + y = 5x + 2y = 2x - 2$

(　　　　　　　　　)

❷ 2けたの自然数があり，一の位の数を2倍して1をたすと十の位の数と等しくなる。また，十の位の数と一の位の数を入れかえた数は，もとの数より36だけ小さくなる。もとの数を求めなさい。[15点]

（　　　　　　　　）

❸ 周囲が3000mの池のまわりを，Aさんは自転車で，Bさんは徒歩でまわる。同じ場所から進み始めて，反対の方向に進むと12分後に初めて出会う。また，同じ方向に進むと20分後にAさんがBさんに初めて追いつく。AさんとBさんの速さをそれぞれ求めなさい。[15点]

Aさん（　　　　　　　　）

Bさん（　　　　　　　　）

❹ ある中学校の昨年の生徒数は男女あわせて410人であった。今年は昨年より男子が10％増え，女子が4％増えたため，全体で29人増えた。次の問いに答えなさい。

[10点×2＝20点]

(1) 昨年の，男子の人数，女子の人数をそれぞれ求めなさい。

男子（　　　　　　　　）

女子（　　　　　　　　）

(2) 今年の，男子の人数，女子の人数をそれぞれ求めなさい。

男子（　　　　　　　　）

女子（　　　　　　　　）

38 1次関数

ちょこっと
インプット

Gi-38

答えと解き方 ➡ 別冊p.28

❶ 次のア～カから，1次関数（かんすう）を表す式をすべて選びなさい。

ア $y=2x+1$ イ $y=-x-10$ ウ $y=\dfrac{3}{x}$

エ $y=\dfrac{5}{x}+2$ オ $y=\dfrac{1}{4}x+6$ カ $y=6x$

（   ）

❷ 次のことがらについて，y を x の式で表しなさい。また，y が x の1次関数であるときは○を，そうでないときは×をかきなさい。

(1) 200円のノート1冊と，1本100円のペンを x 本買ったときの代金の合計 y 円

式（   ）（   ）

(2) 家から駅までの1500 m の道のりを分速 x m で歩くときにかかる時間 y 分

式（   ）（   ）

(3) 20 mL の水が入っている大きな水そうに，1分間に30 mL の水が出るポンプで x 分間水を入れたときの水そうの中の水の量 y mL

式（   ）（   ）

💡 ヒント

❶ $y=ax+b$ で表されていれば1次関数である。$b=0$ のときは比例の式であり，これも1次関数である。

❷(1)代金の合計は，（ノートの値段）＋（ペン1本の値段）×（本数）で求められる。
(2)かかる時間は，（道のり）÷（速さ）で求められる。
(3)全体の水の量は，（はじめの水の量）＋（1分間に入る水の量）×（水を入れた時間）で求められる。

❸ 次のア〜カから，1次関数を表す式をすべて選びなさい。

ア　$y = -\dfrac{3}{x} + 4$　　イ　$y = 4x - 4$　　ウ　$y = -\dfrac{1}{2}x - 6$

エ　$y = -3x + 2$　　オ　$y = x$　　カ　$y = \dfrac{1}{x}$

（　　　　　　　　　　　　　　　）

❹ 次のことがらについて，y を x の式で表しなさい。また，y が x の1次関数であるときは○を，そうでないときは×をかきなさい。

(1)　50g の皿に，20g のチョコレートを x 個のせたときの全体の重さ y g

式（　　　　　　　　　　　）（　　　　）

(2)　1辺の長さが x cm である正三角形の周の長さ y cm

式（　　　　　　　　　　　）（　　　　）

(3)　面積が 900cm^2 で，縦の長さが x cm である長方形の横の長さ y cm

式（　　　　　　　　　　　）（　　　　）

(4)　はじめに 40℃ であった水の温度が1分間に1℃ずつ下がるとき，はじめから x 分後の水の温度 y℃

式（　　　　　　　　　　　）（　　　　）

(5)　つけたおもり1g につき 0.4cm のびる，はじめの長さが 30cm のばねに，x g のおもりをつけたときのばねの長さ y cm

式（　　　　　　　　　　　）（　　　　）

39 変化の割合

Gi-39

答えと解き方➡別冊p.29

❶ **1次関数 $y=2x+1$ について，次の問いに答えなさい。**

(1) $x=3$ のときの y の値(あたい)を求めなさい。

( )

(2) $x=5$ のときの y の値を求めなさい。

( )

(3) x の値が3から5まで増加したときの変化の割合を，y の増加量を x の増加量でわることで求めなさい。

( )

(4) $x=-6$ のときの y の値を求めなさい。

( )

(5) $x=-1$ のときの y の値を求めなさい。

( )

(6) x の値が-6から-1まで増加したときの変化の割合を，y の増加量を x の増加量でわることで求めなさい。

( )

❷ **1次関数 $y=-3x+2$ について，次の問いに答えなさい。**

(1) $x=2$ のときの y の値を求めなさい。

( )

(2) $x=4$ のときの y の値を求めなさい。

( )

(3) x の値が2から4まで増加したときの変化の割合を，y の増加量を x の増加量でわることで求めなさい。

( )

🍄 ヒント

❶ (1)$y=2\times3+1$
(2)$y=2\times5+1$
(3)y の増加量は，(2)の答えから(1)の答えをひいて求める。
(4)$y=2\times(-6)+1$
(5)$y=2\times(-1)+1$
(6)y の増加量は，(5)の答えから(4)の答えをひいて求める。

❷ (1)$y=-3\times2+2$
(2)$y=-3\times4+2$
(3)y の増加量は，(2)の答えから(1)の答えをひいて求める。

❸ 1次関数 $y=\dfrac{1}{2}x-1$ について，次の問いに答えなさい。

(1) $x=2$ のときの y の値を求めなさい。

$($ $)$

(2) $x=6$ のときの y の値を求めなさい。

$($ $)$

(3) x の値が2から6まで増加したときの変化の割合を，y の増加量を x の増加量でわることで求めなさい。

$($ $)$

(4) $x=-4$ のときの y の値を求めなさい。

$($ $)$

(5) $x=4$ のときの y の値を求めなさい。

$($ $)$

(6) x の値が-4から4まで増加したときの変化の割合を，y の増加量を x の増加量でわることで求めなさい。

$($ $)$

❹ 1次関数 $y=-x+5$ について，次の問いに答えなさい。

(1) $x=3$ のときの y の値を求めなさい。

$($ $)$

(2) $x=7$ のときの y の値を求めなさい。

$($ $)$

(3) x の値が3から7まで増加したときの変化の割合を，y の増加量を x の増加量でわることで求めなさい。

$($ $)$

1次関数の変化の割合

Gi-40

答えと解き方 ➡ 別冊p.29

❶ 1次関数 $y=3x+1$ について，次の問いに答えなさい。

(1) 変化の割合を答えなさい。

（　　　　　　　）

(2) x の増加量が2のときの y の増加量を求めなさい。

（　　　　　　　）

(3) x の増加量が5のときの y の増加量を求めなさい。

（　　　　　　　）

❷ 1次関数 $y=-4x+3$ について，次の問いに答えなさい。

(1) 変化の割合を答えなさい。

（　　　　　　　）

(2) x の増加量が3のときの y の増加量を求めなさい。

（　　　　　　　）

(3) x の増加量が7のときの y の増加量を求めなさい。

（　　　　　　　）

❸ 次のア〜カから，x の増加量が3のときの y の増加量が6である
式をすべて選びなさい。

ア　$y=x-3$ 　　　イ　$y=x+2$ 　　　ウ　$y=2x-5$

エ　$y=2x+4$ 　　　オ　$y=3x-2$ 　　　カ　$y=3x+3$

（　　　　　　　）

💡 ヒント

❶(1)$y=ax+b$の変化
の割合はaに等しい。
(2)(変化の割合)×2で
求める。
(3)(変化の割合)×5で
求める。

❷(1)$y=ax+b$の変化
の割合はaに等しい。
(2)(変化の割合)×3で
求める。
(3)(変化の割合)×7で
求める。

❸ yの増加量をxの増
加量でわって変化の割
合を求め，あてはまる
式を選ぶ。

❹ 1次関数 $y = \dfrac{1}{3}x + 4$ について，次の問いに答えなさい。

(1) 変化の割合を答えなさい。

(　　　　　　　)

(2) x の増加量が3のときの y の増加量を求めなさい。

(　　　　　　　)

(3) x の増加量が24のときの y の増加量を求めなさい。

(　　　　　　　)

❺ 1次関数 $y = -\dfrac{1}{4}x - 1$ について，次の問いに答えなさい。

(1) 変化の割合を答えなさい。

(　　　　　　　)

(2) x の増加量が8のときの y の増加量を求めなさい。

(　　　　　　　)

(3) x の増加量が2のときの y の増加量を求めなさい。

(　　　　　　　)

❻ 次のア～カについて，次の問いに答えなさい。

　ア　$y = -x - 2$　　イ　$y = x + 3$　　ウ　$y = 2x - 1$

　エ　$y = 3x + 2$　　オ　$y = 4x - 2$　　カ　$y = 5x + 4$

(1) x の増加量が3のときの y の増加量が12である式を選びなさい。

(　　　　　　　)

(2) x の増加量が6のときの y の増加量が18である式を選びなさい。

(　　　　　　　)

らくらく
マルつけ

Ga-40

83

41 反比例するときの変化の割合

Gi-41

答えと解き方 ➡ 別冊p.30

❶ 反比例 $y = \dfrac{12}{x}$ について，次の問いに答えなさい。

(1) x の値が2から3まで増加したときの変化の割合を求めなさい。

（　　　　　　　）

(2) x の値が1から4まで増加したときの変化の割合を求めなさい。

（　　　　　　　）

(3) x の値が -6 から -2 まで増加したときの変化の割合を求めなさい。

（　　　　　　　）

❷ 反比例 $y = -\dfrac{8}{x}$ について，次の問いに答えなさい。

(1) x の値が2から8まで増加したときの変化の割合を求めなさい。

（　　　　　　　）

(2) x の値が -4 から -2 まで増加したときの変化の割合を求めなさい。

（　　　　　　　）

💡 ヒント

❶ y の増加量を x の増加量でわって変化の割合を求める。

(1)$x=2$ のとき $y = \dfrac{12}{2}$

$x=3$ のとき $y = \dfrac{12}{3}$

(2)$x=1$ のとき $y = \dfrac{12}{1}$

$x=4$ のとき $y = \dfrac{12}{4}$

(3)$x=-6$ のとき

$y = \dfrac{12}{-6}$

$x=-2$ のとき $y = \dfrac{12}{-2}$

❷(1)$x=2$ のとき

$y = -\dfrac{8}{2}$

$x=8$ のとき $y = -\dfrac{8}{8}$

(2)$x=-4$ のとき

$y = -\dfrac{8}{-4}$

$x=-2$ のとき $y = -\dfrac{8}{-2}$

❸ 反比例 $y = \dfrac{36}{x}$ について，次の問いに答えなさい。

(1) x の値が3から6まで増加したときの変化の割合を求めなさい。

（　　　　　　）

(2) x の値が4から9まで増加したときの変化の割合を求めなさい。

（　　　　　　）

(3) x の値が -18 から -6 まで増加したときの変化の割合を求めなさい。

（　　　　　　）

❹ 反比例 $y = -\dfrac{24}{x}$ について，次の問いに答えなさい。

(1) x の値が2から6まで増加したときの変化の割合を求めなさい。

（　　　　　　）

(2) x の値が -4 から -1 まで増加したときの変化の割合を求めなさい。

（　　　　　　）

(3) x の値が -8 から -2 まで増加したときの変化の割合を求めなさい。

（　　　　　　）

OUTPUT!
42

1次関数のグラフ上の点

Gi-42

答えと解き方 ➡ 別冊p.31

① 右の図は，1次関数 $y=x+2$ のグラフです。次の問いに答えなさい。

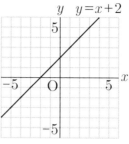

ヒント
①(1)$y=x+2$ のグラフ上にある点を答える。
(2)$y=x+2$ のグラフ上の $x=4$ の点の y 座標を答える。
(3)$y=x+2$ のグラフ上の $x=-5$ の点の y 座標を答える。

(1) 次のア～カのうち，$y=x+2$ のグラフ上の点をすべて答えなさい。

ア （1，2）　　　イ （2，4）　　　ウ （3，4）

エ （−1，1）　　オ （−2，0）　　カ （−3，0）

（　　　　　　　　）

(2) x の値が4のときの y の値を，グラフより求めなさい。

（　　　　　　　　）

(3) x の値が−5のときの y の値を，グラフより求めなさい。

（　　　　　　　　）

② 右の図は，1次関数 $y=-2x-2$ のグラフです。次の問いに答えなさい。

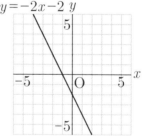

②(1)$y=-2x-2$ のグラフ上にある点を答える。
(2)$y=-2x-2$ のグラフ上の $x=1$ の点の y 座標を答える。
(3)$y=-2x-2$ のグラフ上の $x=-3$ の点の y 座標を答える。

(1) 次のア～カのうち，$y=-2x-2$ のグラフ上の点をすべて答えなさい。

ア （0，−2）　　イ （0，2）　　ウ （2，−6）

エ （−1，0）　　オ （−2，0）　　カ （−2，4）

（　　　　　　　　）

(2) x の値が1のときの y の値を，グラフより求めなさい。

（　　　　　　　　）

(3) x の値が−3のときの y の値を，グラフより求めなさい。

（　　　　　　　　）

❸ 右の図は，1次関数 $y=2x-1$ のグラフです。次の問いに答えなさい。

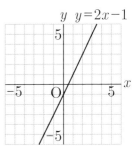

(1) 次のア〜カのうち，$y=2x-1$ のグラフ上の点をすべて答えなさい。

ア　(1, 0)　　　イ　(1, 1)　　　ウ　(−1, −3)

エ　(−1, −2)　　オ　(−2, −4)　　カ　(−2, −5)

(　　　　　　　　　)

(2) x の値が2のときの y の値を，グラフより求めなさい。

(　　　　　　　　　)

(3) x の値が0のときの y の値を，グラフより求めなさい。

(　　　　　　　　　)

(4) x の値が3のときの y の値を，グラフより求めなさい。

(　　　　　　　　　)

❹ 右の図は，1次関数 $y=-x-3$ のグラフです。次の問いに答えなさい。

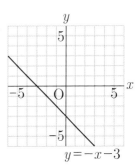

(1) 次のア〜カのうち，$y=-x-3$ のグラフ上の点をすべて答えなさい。

ア　(1, −3)　　　イ　(1, −4)　　　ウ　(2, −6)

エ　(−2, −1)　　オ　(−2, −2)　　カ　(−3, 0)

(　　　　　　　　　)

(2) x の値が3のときの y の値を，グラフより求めなさい。

(　　　　　　　　　)

(3) x の値が−1のときの y の値を，グラフより求めなさい。

(　　　　　　　　　)

(4) x の値が−5のときの y の値を，グラフより求めなさい。

(　　　　　　　　　)

らくらく
マルつけ

Ga-42

OUTPUT!

1次関数のグラフ❶

Gi-43

答えと解き方➡別冊p.31

❶ 右の図は，1次関数 $y=2x-1$，$y=-\dfrac{2}{3}x+2$ のグラフです。次の問いに答えなさい。

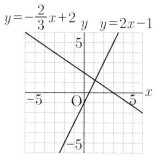

ヒント

❶(1) x の値が1だけ増加すると y の値は2だけ増加する。
また，$(0,\ -1)$ を通る。
(2) x の値が3だけ増加すると y の値は -2 だけ増加する。
また，$(0,\ 2)$ を通る。

(1) 1次関数 $y=2x-1$ のグラフの傾きと切片をそれぞれ答えなさい。

傾き（　　　　　）　切片（　　　　　）

(2) 1次関数 $y=-\dfrac{2}{3}x+2$ のグラフの傾きと切片をそれぞれ答えなさい。

傾き（　　　　　）　切片（　　　　　）

❷ 次の問いに答えなさい。

❷ $y=ax+b$ のグラフの傾きは a，切片は b である。

(1) 1次関数 $y=x-2$ のグラフの傾きと切片をそれぞれ答えなさい。

傾き（　　　　　）　切片（　　　　　）

(2) 1次関数 $y=-4x-7$ のグラフの傾きと切片をそれぞれ答えなさい。

傾き（　　　　　）　切片（　　　　　）

(3) 1次関数 $y=\dfrac{1}{4}x+3$ のグラフの傾きと切片をそれぞれ答えなさい。

傾き（　　　　　）　切片（　　　　　）

(4) 1次関数 $y=-\dfrac{2}{5}x-8$ のグラフの傾きと切片をそれぞれ答えなさい。

傾き（　　　　　）　切片（　　　　　）

❸ 右の図は，1次関数 $y = \dfrac{3}{2}x + 2$，$y = -x + 1$ のグラフです。
次の問いに答えなさい。

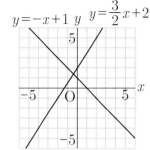

(1) 1次関数 $y = \dfrac{3}{2}x + 2$ のグラフの傾きと切片をそれぞれ答えなさい。

傾き（　　　　　）　切片（　　　　　）

(2) 1次関数 $y = -x + 1$ のグラフの傾きと切片をそれぞれ答えなさい。

傾き（　　　　　）　切片（　　　　　）

❹ 次の問いに答えなさい。
(1) 1次関数 $y = 3x + 5$ のグラフの傾きと切片をそれぞれ答えなさい。

傾き（　　　　　）　切片（　　　　　）

(2) 1次関数 $y = 7x - 3$ のグラフの傾きと切片をそれぞれ答えなさい。

傾き（　　　　　）　切片（　　　　　）

(3) 1次関数 $y = -6x + 4$ のグラフの傾きと切片をそれぞれ答えなさい。

傾き（　　　　　）　切片（　　　　　）

(4) 1次関数 $y = \dfrac{4}{3}x - 2$ のグラフの傾きと切片をそれぞれ答えなさい。

傾き（　　　　　）　切片（　　　　　）

(5) 1次関数 $y = -\dfrac{1}{6}x + 6$ のグラフの傾きと切片をそれぞれ答えなさい。

らくらく
マルつけ

Ga-43

傾き（　　　　　）　切片（　　　　　）

1次関数のグラフ❷

答えと解き方➡別冊p.31

Gi-44

❶ 次の問いに答えなさい。

(1) 1次関数 $y = 2x + 1$ について，下の表の y の値を求めなさい。

x	-3	-2	-1	0	1	2	3
y							

(2) 1次関数 $y = -3x - 3$ について，下の表の y の値を求めなさい。

x	-3	-2	-1	0	1	2	3
y							

(3) 1次関数 $y = \dfrac{1}{2}x + 2$ について，下の表の y の値を求めなさい。

x	-3	-2	-1	0	1	2	3
y							

❷ 次のア～カについて，次の問いに答えなさい。

ア	$y = -3x - 2$	イ	$y = -2x + 2$	ウ	$y = -x - 1$
エ	$y = x + 2$	オ	$y = 2x - 3$	カ	$y = 4x + 5$

(1) グラフが右上がりの直線となる式をすべて答えなさい。

(   )

(2) グラフが y 軸上で交わる2つの式を答えなさい。

(   )

❸ 次の問いに答えなさい。

(1) 1次関数 $y = 4x - 6$ について，下の表の y の値を求めなさい。

x	-3	-2	-1	0	1	2	3
y							

(2) 1次関数 $y = -2x + 5$ について，下の表の y の値を求めなさい。

x	-3	-2	-1	0	1	2	3
y							

(3) 1次関数 $y = \dfrac{1}{3}x + 1$ について，下の表の y の値を求めなさい。

x	-3	-2	-1	0	1	2	3
y							

(4) 1次関数 $y = -\dfrac{3}{2}x + 3$ について，下の表の y の値を求めなさい。

x	-3	-2	-1	0	1	2	3
y							

❹ 次のア～カについて，次の問いに答えなさい。

ア $y = -3x - 3$ イ $y = -3x + 3$ ウ $y = -x + 1$

エ $y = -x + 2$ オ $y = 3x - 2$ カ $y = 3x + 1$

(1) グラフが右下がりの直線となる式をすべて答えなさい。

( )

(2) グラフが y 軸上で交わる2つの式を答えなさい。

( )

45 1次関数のグラフ❸

Gi-45

答えと解き方 ➡ 別冊p.32

❶ 1次関数 $y=2x+2$ について，
次の問いに答えなさい。

(1) グラフが y 軸と交わる点の座標を
答えなさい。

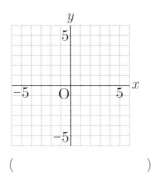

（　　　　　　　　）

(2) x の値が1だけ増加すると y の値はどれだけ増加するか求めな
さい。

（　　　　　　　　）

(3) グラフを，右上の図にかきなさい。

❷ 1次関数 $y=-3x-2$ について，
次の問いに答えなさい。

(1) グラフが y 軸と交わる点の座標を
答えなさい。

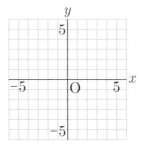

（　　　　　　　　）

(2) x の値が1だけ増加すると y の値はどれだけ増加するか求めな
さい。

（　　　　　　　　）

(3) グラフを，右上の図にかきなさい。

💡 ヒント

❶ (1)切片は2である。
(2)傾きは2である。
(3)グラフは直線なの
で，通る点が2つわか
ればよい。

❷ (1)切片は -2 であ
る。
(2)傾きは -3 である。
(3)グラフは直線なので，
通る点が2つわかれば
よい。

❸ 1次関数 $y = x - 2$ について，次の問いに答えなさい。

(1) グラフが y 軸と交わる点の座標を答えなさい。

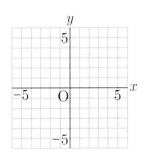

（　　　　　　　　　　）

(2) x の値が1だけ増加すると y の値はどれだけ増加するか求めなさい。

（　　　　　　　　　　）

(3) グラフを，右上の図にかきなさい。

❹ 1次関数 $y = -2x + 1$ について，次の問いに答えなさい。

(1) グラフが y 軸と交わる点の座標を答えなさい。

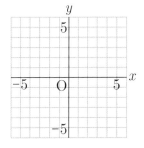

（　　　　　　　　　　）

(2) x の値が1だけ増加すると y の値はどれだけ増加するか求めなさい。

（　　　　　　　　　　）

(3) x の値が -2 だけ増加すると y の値はどれだけ増加するか求めなさい。

（　　　　　　　　　　）

(4) グラフを，右上の図にかきなさい。

1次関数のグラフ❹

Gi-46

答えと解き方 ➡ 別冊p.33

❶ 1次関数 $y = \dfrac{1}{2}x + 1$ について，次の問いに答えなさい。

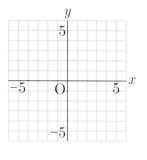

(1) グラフが y 軸と交わる点の座標を答えなさい。

(   )

(2) x の値が2だけ増加すると y の値はどれだけ増加するか求めなさい。

(   )

(3) グラフを，右上の図にかきなさい。

💡 ヒント

❶(1)切片は1である。

(2)傾きは $\dfrac{1}{2}$ である。

(3)グラフは直線なので，通る点が2つわかればよい。

❷ 1次関数 $y = -\dfrac{2}{3}x + 3$ について，次の問いに答えなさい。

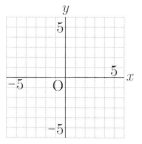

(1) グラフが y 軸と交わる点の座標を答えなさい。

(   )

(2) x の値が3だけ増加すると y の値はどれだけ増加するか求めなさい。

(   )

(3) グラフを，右上の図にかきなさい。

❷(1)切片は3である。

(2)傾きは $-\dfrac{2}{3}$ である。

(3)グラフは直線なので，通る点が2つわかればよい。

❸ 1次関数 $y = \dfrac{1}{4}x - 1$ について，次の問いに答えなさい。

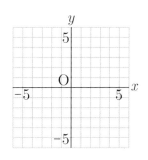

(1) グラフが y 軸と交わる点の座標を答えなさい。

$(\qquad\qquad\qquad)$

(2) x の値が4だけ増加すると y の値はどれだけ増加するか求めなさい。

$(\qquad\qquad\qquad)$

(3) グラフを，右上の図にかきなさい。

❹ 1次関数 $y = -\dfrac{3}{2}x - 2$ について，次の問いに答えなさい。

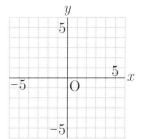

(1) グラフが y 軸と交わる点の座標を答えなさい。

$(\qquad\qquad\qquad)$

(2) x の値が2だけ増加すると y の値はどれだけ増加するか求めなさい。

$(\qquad\qquad\qquad)$

(3) x の値が -2 だけ増加すると y の値はどれだけ増加するか求めなさい。

$(\qquad\qquad\qquad)$

(4) グラフを，右上の図にかきなさい。

1次関数のグラフと変域

ちょこっと
インプット

Gi-47

答えと解き方 ➡ 別冊p.33

❶ 1次関数 $y = x + 1$ について，次の問い
に答えなさい。

(1) グラフを，右の図にかきなさい。

(2) x の値の範囲が $1 \leq x \leq 4$ であるとき
の y の値の範囲を，グラフより求めな
さい。

(　　　　　　　　　)

(3) x の値の範囲が $-5 \leq x \leq -1$ であるときの y の値の範囲を，グ
ラフより求めなさい。

(　　　　　　　　　)

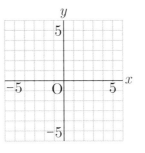

💡ヒント

❶(1)直線が通る2点
を考える。
(2)$x = 1$ のときの y の
値，$x = 4$ のときの
値を読みとる。
(3)$x = -5$ のときの y の
値，$x = -1$ のときの y
の値を読みとる。

❷ 1次関数 $y = -2x + 2$ について，次の
問いに答えなさい。

(1) グラフを，右の図にかきなさい。

(2) x の値の範囲が $2 \leq x \leq 4$ であるとき
の y の値の範囲を，グラフより求めな
さい。

(　　　　　　　　　)

(3) x の値の範囲が $-2 \leq x \leq 1$ であるときの y の値の範囲を，グ
ラフより求めなさい。

(　　　　　　　　　)

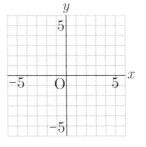

❷(1)直線が通る2点を
考える。
(2)$x = 2$ のときの y の値，
$x = 4$ のときの y の値を
読みとる。
(3)$x = -2$ のときの y の
値，$x = 1$ のときの y の
値を読みとる。

❸ 1次関数 $y = \dfrac{1}{2}x - 1$ について，次の問いに答えなさい。

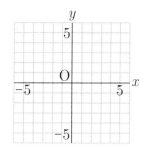

(1) グラフを，右の図にかきなさい。

(2) x の値の範囲が $0 \leqq x \leqq 6$ であるときの y の値の範囲を，グラフより求めなさい。

（　　　　　　　　　）

(3) x の値の範囲が $-4 \leqq x \leqq -2$ であるときの y の値の範囲を，グラフより求めなさい。

（　　　　　　　　　）

(4) x の値の範囲が $-6 \leqq x \leqq 4$ であるときの y の値の範囲を，グラフより求めなさい。

（　　　　　　　　　）

❹ 1次関数 $y = -\dfrac{1}{3}x + 2$ について，次の問いに答えなさい。

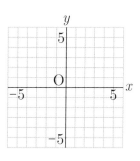

(1) グラフを，右の図にかきなさい。

(2) x の値の範囲が $3 \leqq x \leqq 6$ であるときの y の値の範囲を，グラフより求めなさい。

（　　　　　　　　　）

(3) x の値の範囲が $-3 \leqq x \leqq 3$ であるときの y の値の範囲を，グラフより求めなさい。

（　　　　　　　　　）

らくらく
マルつけ

Ga-47

48 1次関数の式の求め方❶

Gi-48

答えと解き方 ➡ 別冊p.34

❶ 右の図について，次の問いに答えなさい。

(1) アのグラフが表す1次関数の式を求めなさい。

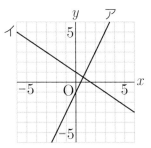

(　　　　　　　)

(2) イのグラフが表す1次関数の式を求めなさい。

(　　　　　　　)

❷ 次の問いに答えなさい。

(1) yがxの1次関数で，そのグラフの傾きが3であり，点$(2, 4)$を通るとき，この1次関数の式を求めなさい。

(　　　　　　　)

(2) yがxの1次関数で，そのグラフの傾きが-4であり，点$(1, -2)$を通るとき，この1次関数の式を求めなさい。

(　　　　　　　)

(3) yがxの1次関数で，そのグラフの傾きが$\frac{1}{2}$であり，点$(4, -1)$を通るとき，この1次関数の式を求めなさい。

(　　　　　　　)

ヒント

❶(1)グラフから，傾きは2，切片は-1であることが読みとれる。

(2)グラフから，傾きは$-\frac{2}{3}$，切片は1であることが読みとれる。

❷(1)求める式を$y=3x+b$とおいて，x，yの値を代入する。

(2)求める式を$y=-4x+b$とおいて，x，yの値を代入する。

(3)求める式を$y=\frac{1}{2}x+b$とおいて，x，yの値を代入する。

❸ 右の図について，次の問いに答えなさい。

(1) アのグラフが表す1次関数の式を求めなさい。

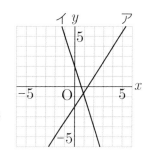

（　　　　　　　　　　）

(2) イのグラフが表す1次関数の式を求めなさい。

（　　　　　　　　　　）

❹ 次の問いに答えなさい。

(1) y が x の1次関数で，そのグラフの傾きが5であり，点$(3, 18)$を通るとき，この1次関数の式を求めなさい。

（　　　　　　　　　　）

(2) y が x の1次関数で，そのグラフの傾きが-3であり，点$(-2, -1)$を通るとき，この1次関数の式を求めなさい。

（　　　　　　　　　　）

(3) y が x の1次関数で，そのグラフの傾きが$\dfrac{3}{2}$であり，点$(6, 10)$を通るとき，この1次関数の式を求めなさい。

（　　　　　　　　　　）

(4) y が x の1次関数で，そのグラフの傾きが$-\dfrac{1}{4}$であり，点$(8, 0)$を通るとき，この1次関数の式を求めなさい。

（　　　　　　　　　　）

らくらく
マルつけ／

Ga-48

1次関数の式の求め方❷

答えと解き方 ➡ 別冊p.35

❶ 次の問いに答えなさい。

(1) y が x の1次関数で，x の値が2だけ増加すると y は4だけ増加し，$x=3$ のとき $y=1$ であるとき，この1次関数の式を求めなさい。

$($ 　　　　　　　　　 $)$

(2) y が x の1次関数で，x の値が3だけ増加すると y は -9 だけ増加し，$x=4$ のとき $y=-8$ であるとき，この1次関数の式を求めなさい。

$($ 　　　　　　　　　 $)$

❷ 次の問いに答えなさい。

(1) y が x の1次関数で，そのグラフの切片が3であり，点$(1,\ 7)$ を通るとき，この1次関数の式を求めなさい。

$($ 　　　　　　　　　 $)$

(2) y が x の1次関数で，そのグラフの切片が -4 であり，点$(2,\ -6)$ を通るとき，この1次関数の式を求めなさい。

$($ 　　　　　　　　　 $)$

(3) y が x の1次関数で，そのグラフの切片が3であり，点$(-3,\ 2)$ を通るとき，この1次関数の式を求めなさい。

$($ 　　　　　　　　　 $)$

ヒント

❶ 変化の割合が $y=ax+b$ の a の値になる。

❷ (1)求める式を $y=ax+3$ とおいて，x，y の値を代入する。
(2)求める式を $y=ax-4$ とおいて，x，y の値を代入する。
(3)求める式を $y=ax+3$ とおいて，x，y の値を代入する。

❸ 次の問いに答えなさい。
(1) y が x の1次関数で，x の値が3だけ増加すると y は15だけ増加し，$x=2$ のとき $y=1$ であるとき，この1次関数の式を求めなさい。

( )

(2) y が x の1次関数で，x の値が2だけ増加すると y は -8 だけ増加し，$x=-2$ のとき $y=2$ であるとき，この1次関数の式を求めなさい。

( )

(3) y が x の1次関数で，x の値が8だけ増加すると y は2だけ増加し，$x=4$ のとき $y=-1$ であるとき，この1次関数の式を求めなさい。

( )

❹ 次の問いに答えなさい。
(1) y が x の1次関数で，そのグラフの切片が1であり，点 $(-2,\ 9)$ を通るとき，この1次関数の式を求めなさい。

( )

(2) y が x の1次関数で，そのグラフの切片が -5 であり，点 $(3,\ 10)$ を通るとき，この1次関数の式を求めなさい。

( )

(3) y が x の1次関数で，そのグラフの切片が -4 であり，点 $(4,\ 6)$ を通るとき，この1次関数の式を求めなさい。

( )

50 1次関数の式の求め方❸

答えと解き方 ➡ 別冊p.36

❶ 次の問いに答えなさい。

(1) y が x の1次関数で，変化の割合が6であり，$x=2$ のとき $y=5$ であるとき，この1次関数の式を求めなさい。

（　　　　　　　）

(2) y が x の1次関数で，変化の割合が -5 であり，$x=-1$ のとき $y=13$ であるとき，この1次関数の式を求めなさい。

（　　　　　　　）

❷ 次の問いに答えなさい。

(1) y が x の1次関数で，そのグラフが点 $(2, 9)$ を通り，$y=3x+1$ に平行であるとき，この1次関数の式を求めなさい。

（　　　　　　　）

(2) y が x の1次関数で，そのグラフが点 $(-5, 3)$ を通り，$y=-x+5$ に平行であるとき，この1次関数の式を求めなさい。

（　　　　　　　）

(3) y が x の1次関数で，そのグラフが点 $(6, -1)$ を通り，$y=\dfrac{1}{2}x+3$ に平行であるとき，この1次関数の式を求めなさい。

（　　　　　　　）

ヒント

❶(1)求める式を
$y=6x+b$ とおいて，
x，y の値を代入する。
(2)求める式を
$y=-5x+b$ とおいて，
x，y の値を代入する。

❷(1)$y=3x+1$ に平行であるから，傾きは3である。
(2)$y=-x+5$ に平行であるから，傾きは -1 である。
(3)$y=\dfrac{1}{2}x+3$ に平行であるから，傾きは $\dfrac{1}{2}$ である。

❸ 次の問いに答えなさい。

(1) y が x の1次関数で，変化の割合が9であり，$x=3$ のとき $y=23$ であるとき，この1次関数の式を求めなさい。

（　　　　　　　　　　）

(2) y が x の1次関数で，変化の割合が -7 であり，$x=-2$ のとき $y=9$ であるとき，この1次関数の式を求めなさい。

（　　　　　　　　　　）

(3) y が x の1次関数で，変化の割合が $-\dfrac{5}{4}$ であり，$x=8$ のとき $y=-4$ であるとき，この1次関数の式を求めなさい。

（　　　　　　　　　　）

❹ 次の問いに答えなさい。

(1) y が x の1次関数で，そのグラフが点 $(3, 7)$ を通り，$y=5x+2$ に平行であるとき，この1次関数の式を求めなさい。

（　　　　　　　　　　）

(2) y が x の1次関数で，そのグラフが点 $(3, 0)$ を通り，$y=-4x+3$ に平行であるとき，この1次関数の式を求めなさい。

（　　　　　　　　　　）

(3) y が x の1次関数で，そのグラフが点 $(-6, 6)$ を通り，$y=-\dfrac{4}{3}x+6$ に平行であるとき，この1次関数の式を求めなさい。

（　　　　　　　　　　）

らくらく
マルつけ

Ga-50

1次関数の式の求め方❹

ちょこっと
インプット

Gi-51

答えと解き方➡別冊p.37

❶ 次の問いに答えなさい。

(1) y が x の1次関数で，そのグラフが2点$(2, 1)$，$(4, 5)$を通るとき，この1次関数の式を求めなさい。

（　　　　　　　　　　　）

(2) y が x の1次関数で，そのグラフが2点$(-2, -1)$，$(2, 11)$を通るとき，この1次関数の式を求めなさい。

（　　　　　　　　　　　）

(3) y が x の1次関数で，そのグラフが2点$(1, -3)$，$(3, -11)$を通るとき，この1次関数の式を求めなさい。

（　　　　　　　　　　　）

(4) y が x の1次関数で，$x=-4$のとき$y=3$，$x=-1$のとき$y=-3$であるとき，この1次関数の式を求めなさい。

（　　　　　　　　　　　）

(5) y が x の1次関数で，$x=2$のとき$y=0$，$x=6$のとき$y=2$であるとき，この1次関数の式を求めなさい。

（　　　　　　　　　　　）

ヒント

❶(1)傾きは，$\dfrac{5-1}{4-2}$

(2)傾きは，$\dfrac{11-(-1)}{2-(-2)}$

(3)傾きは，
$\dfrac{-11-(-3)}{3-1}$

(4)変化の割合は，
$\dfrac{-3-3}{-1-(-4)}$

(5)変化の割合は，
$\dfrac{2-0}{6-2}$

❷ 次の問いに答えなさい。

(1) y が x の 1 次関数で，そのグラフが 2 点 $(1, 2)$，$(5, -6)$ を通るとき，この 1 次関数の式を求めなさい。

(   )

(2) y が x の 1 次関数で，そのグラフが 2 点 $(-3, -13)$，$(-1, -3)$ を通るとき，この 1 次関数の式を求めなさい。

(   )

(3) y が x の 1 次関数で，そのグラフが 2 点 $(-3, 5)$，$(6, 2)$ を通るとき，この 1 次関数の式を求めなさい。

(   )

(4) y が x の 1 次関数で，$x=2$ のとき $y=10$，$x=5$ のとき $y=28$ であるとき，この 1 次関数の式を求めなさい。

(   )

(5) y が x の 1 次関数で，$x=-4$ のとき $y=20$，$x=-2$ のとき $y=14$ であるとき，この 1 次関数の式を求めなさい。

(   )

(6) y が x の 1 次関数で，$x=-3$ のとき $y=-17$，$x=2$ のとき $y=3$ であるとき，この 1 次関数の式を求めなさい。

(   )

52 1次関数と方程式とグラフ

答えと解き方 ➡ 別冊p.38

Gi-52

1 次の問いに答えなさい。

(1) $y-2x+2=0$ を y について解きなさい。

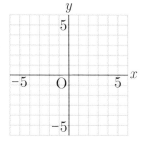

(　　　　　　　　　)

(2) 方程式 $y-2x+2=0$ のグラフを，右上の図にかきなさい。

(3) 方程式 $y=3$ のグラフを，右上の図にかきなさい。

2 次の問いに答えなさい。

(1) $2y-3x+6=0$ について，$x=0$ のときの y の値を求めなさい。

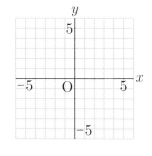

(　　　　　　　　　)

(2) $2y-3x+6=0$ について，$y=0$ のときの x の値を求めなさい。

(　　　　　　　　　)

(3) 方程式 $2y-3x+6=0$ のグラフを，右上の図にかきなさい。

💡 **ヒント**

1 (1)(2) $y=ax+b$ の形になおすことで，グラフの傾きと切片がわかる。

(3) x の値にかかわらず，y の値が3である直線をひく。

2 (1) $2y-3x+6=0$ に $x=0$ を代入する。

(2) $2y-3x+6=0$ に $y=0$ を代入する。

(3) (1)と(2)から直線が通る2点がわかる。

❸ 次の問いに答えなさい。

(1) $2y+x-2=0$ を y について解きなさい。

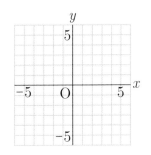

$($ 　　　　　　　 $)$

(2) 方程式 $2y+x-2=0$ のグラフを，右上の図にかきなさい。

(3) 方程式 $x=-4$ のグラフを，右上の図にかきなさい。

❹ 次の問いに答えなさい。

(1) $3y+2x-3=0$ について，$x=0$ のときの y の値を求めなさい。

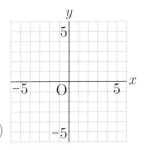

$($ 　　　　　　　 $)$

(2) $3y+2x-3=0$ について，$x=3$ のときの y の値を求めなさい。

$($ 　　　　　　　 $)$

(3) 方程式 $3y+2x-3=0$ のグラフを，右上の図にかきなさい。

53 1次関数と連立方程式❶

ちょこっと
インプット

Gi-53

答えと解き方 ➡ 別冊p.39

❶ 次の問いに答えなさい。

(1) 方程式 $x+y=5$ のグラフを，右の図にかきなさい。

(2) 方程式 $2x-y=1$ のグラフを，右の図にかきなさい。

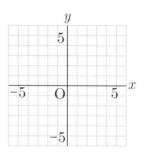

(3) 連立方程式 $\begin{cases} x+y=5 \\ 2x-y=1 \end{cases}$ の解を，グラフより求めなさい。

(   )

💡 ヒント

❶ (1)(2)$y=ax+b$ の形になおしてからグラフをかくとよい。
(3)2つのグラフの交点の座標より連立方程式の解が求められる。

❷ 次の問いに答えなさい。

(1) 方程式 $2x+y=2$ のグラフを，右の図にかきなさい。

(2) 方程式 $x-y=-5$ のグラフを，右の図にかきなさい。

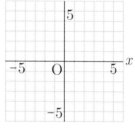

(3) 連立方程式 $\begin{cases} 2x+y=2 \\ x-y=-5 \end{cases}$ の解を，グラフより求めなさい。

(   )

❷ (1)(2)$y=ax+b$ の形になおしてからグラフをかくとよい。
(3)2つのグラフの交点の座標より連立方程式の解が求められる。

❸ 次の問いに答えなさい。

(1) 方程式 $2x+y=5$ のグラフを，右の図にかきなさい。

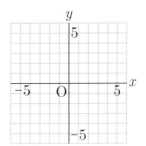

(2) 方程式 $y-x=-4$ のグラフを，右の図にかきなさい。

(3) 連立方程式 $\begin{cases} 2x+y=5 \\ y-x=-4 \end{cases}$ の解を，グラフより求めなさい。

(   )

❹ 次の問いに答えなさい。

(1) 方程式 $x+2y=-4$ のグラフを，右の図にかきなさい。

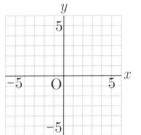

(2) 方程式 $2y-3x=4$ のグラフを，右の図にかきなさい。

(3) 連立方程式 $\begin{cases} x+2y=-4 \\ 2y-3x=4 \end{cases}$ の解を，グラフより求めなさい。

(   )

ちょこっと
インプット

1次関数と連立方程式❷

Gi-54

答えと解き方➡別冊p.40

1 右の図について，次の問いに答えなさい。

(1) アのグラフが表す1次関数の式を求めなさい。

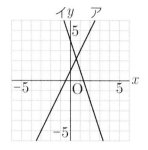

( )

(2) イのグラフが表す1次関数の式を求めなさい。

( )

(3) アとイのグラフの交点の座標を求めなさい。

( )

2 次の問いに答えなさい。

(1) アのグラフが表す1次関数の式を求めなさい。

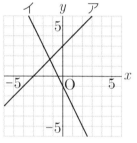

( )

(2) イのグラフが表す1次関数の式を求めなさい。

( )

(3) アとイのグラフの交点の座標を求めなさい。

( )

🔔 ヒント

❶(1)(2)グラフの傾きと切片を読みとる。
(3)2つのグラフが表す式を連立方程式として解くと，交点の座標が求められる。

❷(1)(2)グラフの傾きと切片を読みとる。
(3)2つのグラフが表す式を連立方程式として解くと，交点の座標が求められる。

❸ 右の図について，次の問いに答えなさい。

(1) アのグラフが表す1次関数の式を求めなさい。

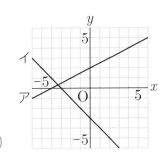

　　　　　　　　　　（　　　　　　　　　　）

(2) イのグラフが表す1次関数の式を求めなさい。

　　　　　　　　　　（　　　　　　　　　　）

(3) アとイのグラフの交点の座標を求めなさい。

　　　　　　　　　　（　　　　　　　　　　）

❹ 次の問いに答えなさい。

(1) アのグラフが表す1次関数の式を求めなさい。

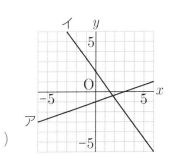

　　　　　　　　　　（　　　　　　　　　　）

(2) イのグラフが表す1次関数の式を求めなさい。

　　　　　　　　　　（　　　　　　　　　　）

(3) アとイのグラフの交点の座標を求めなさい。

　　　　　　　　　　（　　　　　　　　　　）

55 1次関数のグラフの利用❶

Gi-55

答えと解き方 ➡ 別冊p.41

❶ 1gのおもりにつき0.2cmのびるばね
がある。このばねに x gのおもりをつけ
たときの，ばねの長さを y cmとする
と，y と x の関係は右の図のようにな
る。次の問いに答えなさい。

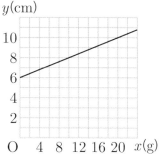

(1) 10gのおもりをつけたときの，ばね
の長さを答えなさい。

(　　　　　　　　　)

(2) y を x の式で表しなさい。

(　　　　　　　　　)

(3) ばねの長さが9cmになるときの，おもりの重さを求めなさい。

(　　　　　　　　　)

💡 ヒント

❶ (1)グラフが(10, 8)
を通る。
(2)変化の割合は0.2で
ある。
(3) (2)の式に $y=9$ を代
入して求める。

❷ ある温度の水を，1分間に温度が2℃ず
つ上がるように温める。x 分間温めた
ときの，水の温度を y ℃とすると，y
と x の関係は右の図のようになる。次
の問いに答えなさい。

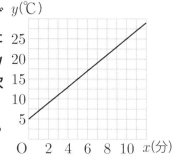

(1) 水の温度が25℃になるまでにかかる
時間を答えなさい。

(　　　　　　　　　)

(2) y を x の式で表しなさい。

(　　　　　　　　　)

(3) 7分間温めたときの，水の温度を求めなさい。

(　　　　　　　　　)

❷ (1)グラフが(10, 25)
を通る。
(2)変化の割合は2であ
る。
(3) (2)の式に $x=7$ を代
入して求める。

③ 1gのおもりにつき0.3cmのびるばねがある。このばねにxg のおもりをつけたときの，ばねの長さを$y$cmとすると，yと xの関係は右の図のようになる。次の問いに答えなさい。

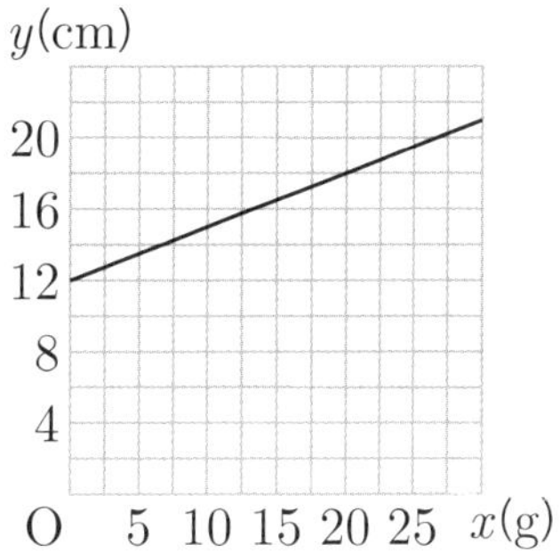

(1) 20gのおもりをつけたときの，ばねの長さを答えなさい。

（　　　　　　　　　）

(2) yをxの式で表しなさい。

（　　　　　　　　　）

(3) ばねの長さが21cmになるときの，おもりの重さを求めなさい。

（　　　　　　　　　）

④ ある温度の水を，1分間に温度が4℃ずつ下がるように冷や す。x分間冷やしたときの，水の温度をy℃とすると，yとx の関係は右の図のようになる。次の問いに答えなさい。

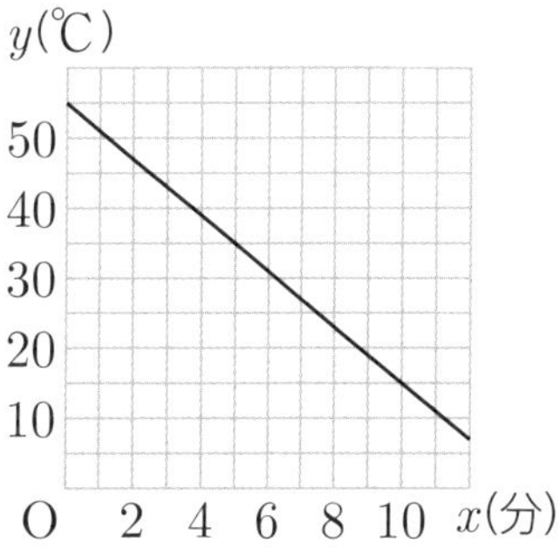

(1) 水の温度が35℃になるまでにかかる時間を答えなさい。

（　　　　　　　　　）

(2) yをxの式で表しなさい。

（　　　　　　　　　）

(3) 8分間冷やしたときの，水の温度を求めなさい。

（　　　　　　　　　）

(4) 水の温度が11℃になるまでにかかる時間を求めなさい。

（　　　　　　　　　）

らくらく
マルつけ

Ga-55

113

1次関数のグラフの利用❷

Gi-56

答えと解き方 ➡ 別冊p.41

① 弟が家を出発して分速50mで歩いて2kmはなれた駅へ向かった。兄は弟が出発した8分後に家を出発して，弟と同じ道を通り分速150mで自転車で駅へ向かった。弟が家を出発してから x 分後の，弟と兄それぞれの家からの道のりを y mとする。次の問いに答えなさい。

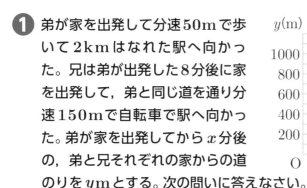

(1) 弟について，x と y の関係を表すグラフを右上の図にかきなさい。

(2) 兄について，x と y の関係を表すグラフを右上の図にかきなさい。

(3) 兄が弟を追いこしたときの，家からの道のりをグラフより求めなさい。

(   )

(4) 弟について，y を x の式で表しなさい。

(   )

(5) 兄について，y を x の式で表しなさい。

(   )

(6) (4)と(5)の式を連立方程式として解くことで，兄が弟を追いこしたときの，弟が家を出発してからの時間と，家からの道のりをそれぞれ求めなさい。

時間(   )

道のり(   )

💡 ヒント

① (1)歩く速さが一定なので，グラフは直線になる。また，分速50mなので傾きは50である。

(2)兄は弟が家を出発してから8分後に出発したので，グラフは (8, 0) を通る。

(3)グラフの交点の y 座標を読みとる。

(4)変化の割合が50であり，$x=0$ のとき $y=0$ である。

(5)変化の割合が150であるから，求める式を $y=150x+b$ とおいて，$x=8$，$y=0$ を代入する。

(6)連立方程式を解いて，x，y の値を求め，グラフの交点の座標と対応していることを確かめる。

❷ 弟が家を出発して分速60mで歩いて2kmはなれた駅
へ向かった。兄は弟が出発した10分後に家を出発して，
弟と同じ道を通り分速180mで自転車で駅へ向かった。
弟が家を出発してからx分後の，弟と兄それぞれの家か
らの道のりをymとする。次の問いに答えなさい。

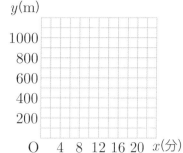

(1) 弟について，xとyの関係を表すグラフを右上の図に
かきなさい。

(2) 兄について，xとyの関係を表すグラフを右上の図にかきなさい。

(3) 弟について，yをxの式で表しなさい。

　　　　　　　　　　　　　　　（　　　　　　　　　　　　　）

(4) 兄について，yをxの式で表しなさい。

　　　　　　　　　　　　　　　（　　　　　　　　　　　　　）

(5) (3)と(4)の式を連立方程式として解くことで，兄が弟を追いこしたときの，弟が家を出
発してからの時間と，家からの道のりをそれぞれ求めなさい。

　　　　　　　　　　　　時間（　　　　　　　　　　　　　）

　　　　　　　　　　　　道のり（　　　　　　　　　　　　　）

(6) 兄が家から進んだ道のりが1200mになるのは，弟が出発してから何分後か求めなさ
い。

　　　　　　　　　　　　　　　（　　　　　　　　　　　　　）

57 1次関数のグラフの利用❸

Gi-57

答えと解き方 ➡ 別冊p.42

❶ 右の図で，直線 m の式は $y=2x+1$，直線 n の式は $y=-x+4$ で，点Pは2直線の交点である。また，点A，Bはそれぞれ直線 m，n と x 軸との交点である。次の問いに答えなさい。

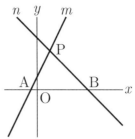

(1) 点Aの座標を求めなさい。

(　　　　　　　　　)

(2) 点Bの座標を求めなさい。

(　　　　　　　　　)

(3) 点Pの座標を求めなさい。

(　　　　　　　　　)

(4) 座標の1目盛りを1cm として，△ABPの面積を求めなさい。

(　　　　　　　　　)

❷ 右の図で，直線 m の式は $y=x-4$，直線 n の式は $y=-2x+6$ で，点Pは2直線の交点である。また，点A，Bはそれぞれ直線 m，n と y 軸との交点である。次の問いに答えなさい。

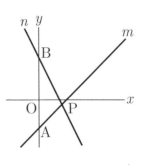

(1) 点Pの座標を求めなさい。

(　　　　　　　　　)

(2) 座標の1目盛りを1cm として，△ABPの面積を求めなさい。

(　　　　　　　　　)

ヒント

❶(1) $y=2x+1$ に $y=0$ を代入する。
(2) $y=-x+4$ に $y=0$ を代入する。
(3) 2直線 m，n の式を連立方程式として解く。
(4)線分ABを三角形の底辺とみる。

❷(1) 2直線 m，n の式を連立方程式として解く。
(2)線分ABを三角形の底辺とみる。

❸ 右の図で，直線 m の式は $y=2x+4$，直線 n の式は $y=-3x+b$ で，点 P は2直線の交点である。また，点 A，B はそれぞれ直線 m，n と x 軸との交点であり，点 B の x 座標は 1 である。次の問いに答えなさい。

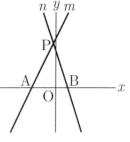

(1) b の値を求めなさい。

(　　　　　　　　　　)

(2) 点 A の座標を求めなさい。

(　　　　　　　　　　)

(3) 点 P の座標を求めなさい。

(　　　　　　　　　　)

(4) 座標の1目盛りを 1cm として，△ABP の面積を求めなさい。

(　　　　　　　　　　)

❹ 右の図で，直線 m の式は $y=ax-3$，直線 n の式は $y=-x+3$ で，点 P は2直線の交点である。また，点 A，B はそれぞれ直線 m，n と y 軸との交点であり，直線 m は点 $(2，-2)$ を通る。次の問いに答えなさい。

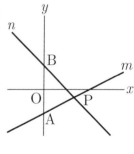

(1) a の値を求めなさい。

(　　　　　　　　　　)

(2) 点 P の座標を求めなさい。

(　　　　　　　　　　)

(3) 座標の1目盛りを 1cm として，△ABP の面積を求めなさい。

(　　　　　　　　　　)

58 1次関数のグラフの利用❹

ちょこっと
インプット

Gi-58

答えと解き方➡別冊p.43

❶ 電車A，B，Cをふくむいくつかの電車について，9時 x 分における，ある駅からの距離 y km をグラフに表すと右の図のようになる。次の問いに答えなさい。

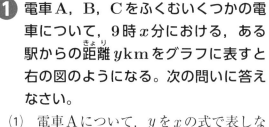

(1) 電車Aについて，y を x の式で表しなさい。

(　　　　　　　　　　)

(2) 9時7分における，駅と電車Aの距離を求めなさい。

(　　　　　　　　　　)

(3) 電車Bについて，y を x の式で表しなさい。

(　　　　　　　　　　)

(4) 電車Cについて，y を x の式で表しなさい。

(　　　　　　　　　　)

(5) 電車Bと電車Cがすれちがったときの，時刻と，駅と電車Bの距離をそれぞれ求めなさい。

時刻(　　　　　　　　)

距離(　　　　　　　　)

ヒント

❶(1)グラフの傾きは $\dfrac{3}{2}$ である。

(2) (1)の式に $x=7$ を代入する。

(3)グラフの傾きは $-\dfrac{3}{2}$ である。

(4)グラフの傾きは $\dfrac{3}{2}$ である。

(5)電車B，Cの式を連立方程式として解く。

❷ 電車A，B，Cをふくむいくつかの電車について，9時x分における，ある駅からの距離$y$kmをグラフに表すと右の図のようになる。次の問いに答えなさい。

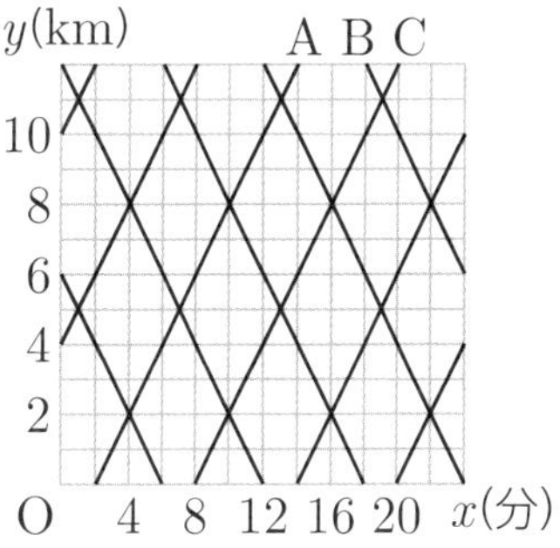

(1) 電車Aについて，yをxの式で表しなさい。

（ 　　　　　　　　　　　　　）

(2) 9時9分における，駅と電車Aの距離を求めなさい。

（ 　　　　　　　　　　　　　）

(3) 駅と電車Aの距離が3kmになる時刻を求めなさい。

（ 　　　　　　　　　　　　　）

(4) 電車Bについて，yをxの式で表しなさい。

（ 　　　　　　　　　　　　　）

(5) 電車Cについて，yをxの式で表しなさい。

（ 　　　　　　　　　　　　　）

(6) 電車Bと電車Cがすれちがったときの，時刻と，駅と電車Bの距離をそれぞれ求めなさい。

時刻（ 　　　　　　　　　　）

距離（ 　　　　　　　　　　）

59 1次関数と図形

Gi-59

答えと解き方 ➡ 別冊p.44

1 右の図の正方形ABCDで，点Pは点Aを出発し，辺上を点B，Cを通り点Dまで動く。点Pが点Aから$x$cm動いたときの△APDの面積を$y$cm^{2}とする。次の問いに答えなさい。

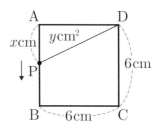

(1) $x=6$のときのyの値を求めなさい。

（ 　　　　　　　　　 ）

(2) $x=12$のときのyの値を求めなさい。

（ 　　　　　　　　　 ）

(3) $x=14$のときのyの値を求めなさい。

（ 　　　　　　　　　 ）

(4) $12 \leqq x \leqq 18$のとき，yをxの式で表しなさい。

（ 　　　　　　　　　 ）

(5) xとyの関係を表すグラフを下の図にかきなさい。

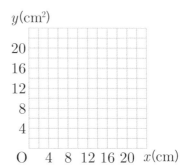

ヒント

❶ (1)点Pは点Bと重なる。

(2)点Pは点Cと重なる。

(3)点Pは辺CD上にある。

(4)底辺の長さはAD＝6（cm）である。高さDPをxで表す。

(5)グラフははじめ右上がりで，そのあとx軸と平行，そのあと右下がりになる。

❷ 右の図の長方形ABCDで，点Pは点Aを出発し，辺上を点B，Cを通り点Dまで動く。点Pが点Aから$x$cm動いたときの△APDの面積を$y$cm^{2}とする。次の問いに答えなさい。

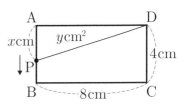

(1) $x=4$のときのyの値を求めなさい。

（ 　　　　　　　 ）

(2) $x=12$のときのyの値を求めなさい。

（ 　　　　　　　 ）

(3) $x=14$のときのyの値を求めなさい。

（ 　　　　　　　 ）

(4) $12 \leqq x \leqq 16$のとき，yをxの式で表しなさい。

（ 　　　　　　　 ）

(5) xとyの関係を表すグラフを右の図にかきなさい。

y(cm^2)

20
16
12
8
4

O　4　8　12　16　20　x(cm)

(6) $12 \leqq x \leqq 16$において，△APDの面積が6cm^{2}となるときのxの値を求めなさい。

（ 　　　　　　　 ）

まとめのテスト❸

/100点

答えと解き方 ➡ 別冊p.45

❶ 反比例 $y = -\dfrac{48}{x}$ について，次の問いに答えなさい。[8点×2＝16点]

(1) x の値が2から4まで増加したときの変化の割合を求めなさい。

( )

(2) x の値が−8から−3まで増加したときの変化の割合を求めなさい。

( )

❷ y が x の1次関数であるとき，次の1次関数の式を求めなさい。[10点×4＝40点]

(1) グラフの傾きが8であり，点(2, 4)を通る。

( )

(2) グラフの切片が5であり，点(−2, 11)を通る。

( )

(3) グラフが点(6, −2)を通り，1次関数 $y = \dfrac{1}{3}x + 2$ のグラフに平行である。

( )

(4) グラフが2点(−4, 7)，(6, 2)を通る。

( )

❸ 次の問いに答えなさい。[8点×2＝16点]

(1) 方程式$3y-2x+3=0$のグラフを，右の図にかきなさい。

(2) 方程式$x+3=0$のグラフを，右の図にかきなさい。

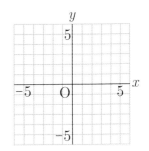

❹ 弟が家を出発して分速50mで歩いて駅へ向かった。兄は弟が出発した8分後に家を出発して，弟と同じ道を通り分速200mで自転車で駅へ向かった。弟が家を出発してからx分後の，弟と兄それぞれの家からの道のりをymとすると，yとxの関係は右の図のようになる。兄が弟を追いこしたときの，弟が家を出発してからの時間と，家からの道のりをそれぞれ求めなさい。

[6点×2＝12点]

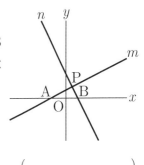

時間（　　　　　　　）

道のり（　　　　　　　）

❺ 右の図で，直線mの式は$y=\dfrac{1}{2}x+b$，直線nの式は$y=-2x+3$で，点Pは2直線の交点である。また，点A，Bはそれぞれ直線m，nとx軸との交点であり，点Aのx座標は-2である。次の問いに答えなさい。[8点×2＝16点]

(1) bの値を求めなさい。

（　　　　　　　）

(2) 座標の1目盛りを1cmとして，△ABPの面積を求めなさい。

（　　　　　　　）

チャレンジテスト❶

1 次の計算をしなさい。[10点×3＝30点]

(1) $-2(3x-y)+2x$ 【群馬県】

(　　　　　　　　　　)

(2) $4ab^2 \div 6a^2b \times 3ab$ 【京都府】

(　　　　　　　　　　)

(3) $\dfrac{3x-5y}{2} - \dfrac{2x-y}{4}$ 【長野県】

(　　　　　　　　　　)

2 次の連立方程式を解きなさい。[10点×2＝20点]

(1) $\begin{cases} 2x+3y=1 \\ 8x+9y=7 \end{cases}$ 【東京都】

(　　　　　　　　　　)

(2) $\begin{cases} y=x-6 \\ 3x+4y=11 \end{cases}$ 【宮崎県】

(　　　　　　　　　　)

3 次の等式を〔　〕内の文字について解きなさい。【滋賀県】[10点]

$3x+7y=21$〔x〕

(　　　　　　　　　　)

4 ある陸上競技大会に小学生と中学生あわせて120人が参加した。そのうち，小学生の人数の35％と中学生の人数の20％が100m走に参加し，その人数は小学生と中学生あわせて30人であった。陸上競技大会に参加した小学生の人数と，中学生の人数を，それぞれ求めなさい。【三重県・改】[15点]

小学生（　　　　　　　）

中学生（　　　　　　　）

5 十の位の数が4である3けたの自然数がある。この自然数の，百の位の数と一の位の数の和は10であり，百の位の数と一の位の数を入れかえた数はこの自然数より396大きい。このとき，この自然数の一の位の数を求めなさい。【神奈川県・改】[15点]

（　　　　　　　）

6 下の表は，ある1次関数について，xの値とyの値の関係を示したものである。表の□□□にあてはまる数を答えなさい。【北海道】[10点]

x	$\cdots$	-1	0	$\cdots$	3	$\cdots$
y	$\cdots$	6	□	$\cdots$	2	$\cdots$

（　　　　　　　）

チャレンジテスト❷

答えと解き方 ➡ 別冊p.46

1 次の計算をしなさい。[10点×3＝30点]

(1) $a+b+\dfrac{1}{4}(a-8b)$ 【千葉県】

$($ $)$

(2) $9x^2y \times 4x \div (-8xy)$ 【山梨県】

$($ $)$

(3) $\dfrac{15}{8}x^2y \div \left(-\dfrac{5}{6}x\right)$ 【愛媛県】

$($ $)$

2 次の連立方程式を解きなさい。[10点×2＝20点]

(1) $\begin{cases} 2x+5y=-2 \\ 3x-2y=16 \end{cases}$ 【富山県】

$($ $)$

(2) $2x+y=5x+3y=-1$ 【滋賀県】

$($ $)$

3 関数 $y=-2x+7$ について，x の値が -1 から 4 まで増加するときの y の増加量を求めなさい。【福岡県】 [8点]

$($ $)$

126

4 右の表は，ある洋菓子店でドーナツとカップケーキをそれぞれ1個作るときの小麦粉の分量を表したものである。この分量にしたがって，小麦粉400gを余らせることなく使用して，ドーナツとカップケーキを合わせて18個作った。このとき，作ったドーナツとカップケーキはそれぞれ何個か，求めなさい。【和歌山県】 [15点]

メニュー ＼ 材料	小麦粉
ドーナツ	25g
カップケーキ	15g

ドーナツ（　　　　　　　　）

カップケーキ（　　　　　　　　）

5 右の図において，曲線は関数 $y = \dfrac{6}{x}$ のグラフで，曲線上の2点A，Bの x 座標はそれぞれ -6，2です。2点A，Bを通る直線の式を求めなさい。【埼玉県】 [12点]

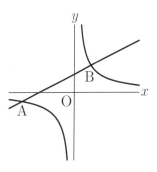

（　　　　　　　　）

6 右の図の正方形ABCDで，点Pは点Aを出発し，辺上を点B，Cを通り点Dまで動く。点Pが点Aから x cm動いたときの△APDの面積を y cm^2 とする。$8 \leqq x \leqq 12$ のとき，y を x の式で表しなさい。 [15点]

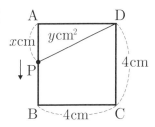

（　　　　　　　　）

□ 編集協力　㈱オルタナプロ　山中綾子　山腰政喜

□ 本文デザイン　土屋裕子㈲ウエイド）

□ コンテンツデザイン　㈲Y-Yard

□ 図版作成　㈲デザインスタジオエキス.

シグマベスト
アウトプット専用問題集
中2数学[数と式・関数]

本書の内容を無断で複写（コピー）・複製・転載することを禁じます。また，私的使用であっても，第三者に依頼して電子的に複製すること（スキャンやデジタル化等）は，著作権法上，認められていません。

編　者	文英堂編集部
発行者	益井英郎
印刷所	岩岡印刷株式会社
発行所	株式会社文英堂

〒601-8121　京都市南区上鳥羽大物町28
〒162-0832　東京都新宿区岩戸町17
（代表）03-3269-4231

書いて定着

中2数学

数と式・
関数

専用問題集

アウトプット

答えと解き方

文英堂

① 単項式と多項式　　本冊 p.4

❶　(1)単項式　(2)多項式　(3)単項式

❷　(1)$-4x$,　y,　-12
　　(2)$2a+3b$,　$-1+a$,　$-b-a$

❸　(1)$4x$,　$-2y$　(2)$-3ab$,　5
　　(3)$-x^2y$,　$2x$,　-3
　　(4)$5a^3b$,　$-4ab^2$,　$2b$
　　(5)x^2,　$3x$,　$-y^2$,　$-2y$

❹　(1)多項式　(2)多項式　(3)単項式

❺　(1)6,　$\dfrac{1}{5}x$,　x^3
　　(2)$a-5b$,　$4b^2-a$,　$10-3a$

❻　(1)$-3a$,　$-8b$　(2)14,　$-5ab$
　　(3)$4x^3y$,　$3xy$,　9　(4)$-a^2b^2$,　$8ab$,　$-b$
　　(5)$-2x^2$,　$3x$,　y^2,　$-5y$
　　(6)$3a^2$,　$2ab$,　$-4a$,　b

解き方

❶　乗法だけで表された式が単項式，単項式の和で表された式が多項式です。

❷　yや-12のような，1つの文字や数も単項式と考えます。

❸　それぞれの式がどのような単項式の和になっているかを答えます。
　　(1)　$4x-2y=4x+(-2y)$
　　(3)　$-x^2y+2x-3=-x^2y+2x+(-3)$
　　(4)　$5a^3b-4ab^2+2b=5a^3b+(-4ab^2)+2b$
　　(5)　$x^2+3x-y^2-2y=x^2+3x+(-y^2)+(-2y)$

❹　乗法だけで表された式が単項式，単項式の和で表された式が多項式です。

❺　6のような，1つの数も単項式と考えます。

❻　それぞれの式がどのような単項式の和になっているかを答えます。
　　(1)　$-3a-8b=-3a+(-8b)$
　　(2)　$14-5ab=14+(-5ab)$
　　(4)　$-a^2b^2+8ab-b=-a^2b^2+8ab+(-b)$
　　(5)　$-2x^2+3x+y^2-5y$
　　　　$=-2x^2+3x+y^2+(-5y)$
　　(6)　$3a^2+2ab-4a+b=3a^2+2ab+(-4a)+b$

② 単項式と多項式の次数　　本冊 p.6

❶　(1)1　(2)3　(3)4

❷　(1)2次式　(2)2次式　(3)4次式　(4)5次式

❸　(1)$3a+2$,　$4y-x$
　　(2)$4ab+7$,　$-a^2+5ab$
　　(3)$-3x^3+y^2$,　xy^2+xy

❹　(1)2　(2)5　(3)4

❺　(1)1次式　(2)2次式　(3)3次式　(4)2次式
　　(5)4次式

❻　(1)$-x^2+2xy$,　$6a^2+2b$
　　(2)$-2xy^2+x$,　$5a^2b-2a$
　　(3)$8ab^3+7a^2b$,　$4x^2y^2-3x^2y$

解き方

❶　かけられている文字の個数が，その単項式の次数です。

❷　それぞれの項の次数のうち，もっとも大きいものが，その多項式の次数です。次数が1の式は1次式，次数が2の式は2次式，…となります。

❸　(1)　それぞれの項の次数のうち，もっとも大きい次数が1である式を答えます。
　　(2)　それぞれの項の次数のうち，もっとも大きい次数が2である式を答えます。
　　(3)　それぞれの項の次数のうち，もっとも大きい次数が3である式を答えます。

❹　かけられている文字の個数が，その単項式の次数です。

❺　それぞれの項の次数のうち，もっとも大きいものが，その多項式の次数です。次数が1の式は1次式，次数が2の式は2次式，…となります。

❻　(1)　それぞれの項の次数のうち，もっとも大きい次数が2である式を答えます。
　　(2)　それぞれの項の次数のうち，もっとも大きい次数が3である式を答えます。
　　(3)　それぞれの項の次数のうち，もっとも大きい次数が4である式を答えます。

❶ (1)$4x$, $-2x$　(2)$3a$, $-4a$　(3)ab, $3ab$

❷ (1)$6x-4y$　(2)$-a+6b$　(3)$4x^2-4x$
(4)$ab-9a$　(5)$2a^2-7a$　(6)$-3xy+2y$
(7)$7b^2-6b+4$

❸ (1)$-2x$, $3x$　(2)$5a^2$, $-a^2$
(3)$-4x^2$, $6x^2$　(4)$3ab$, $-8ab$

❹ (1)$8x-y$　(2)$-8a+5b$　(3)$2x^2-5x$
(4)$-7ab-6a$　(5)$5b^2-9b$　(6)$6xy+5x$
(7)$5x^2+2x+9$　(8)$-a^2-6a+7$

解き方

❶ 文字の部分が同じである2つの項を答えます。

❷ (1)　$2x-y+4x-3y=(2+4)x+(-1-3)y$
$\qquad\qquad\qquad\qquad =6x-4y$

(2)　$3a+b+5b-4a=(3-4)a+(1+5)b$
$\qquad\qquad\qquad\qquad =-a+6b$

(3)　$x^2-6x+3x^2+2x=(1+3)x^2+(-6+2)x$
$\qquad\qquad\qquad\qquad =4x^2-4x$

(4)　$4ab-3a-3ab-6a=(4-3)ab+(-3-6)a$
$\qquad\qquad\qquad\qquad =ab-9a$

(5)　$6a^2-5a-2a-4a^2=(6-4)a^2+(-5-2)a$
$\qquad\qquad\qquad\qquad =2a^2-7a$

(6)　$-8xy+3y+5xy-y$
$\quad =(-8+5)xy+(3-1)y$
$\quad =-3xy+2y$

(7)　$2b^2-8b+2b+5b^2+4$
$\quad =(2+5)b^2+(-8+2)b+4$
$\quad =7b^2-6b+4$

❸ 文字の部分が同じである2つの項を答えます。

❹ (1)　$5x-2y+3x+y=(5+3)x+(-2+1)y$
$\qquad\qquad\qquad\qquad =8x-y$

(2)　$-6a+3b+2b-2a=(-6-2)a+(3+2)b$
$\qquad\qquad\qquad\qquad =-8a+5b$

(3)　$5x^2-7x-3x^2+2x=(5-3)x^2+(-7+2)x$
$\qquad\qquad\qquad\qquad =2x^2-5x$

(4)　$-3ab-5a-4ab-a$
$\quad =(-3-4)ab+(-5-1)a$
$\quad =-7ab-6a$

---

(5)　$7b^2-6b-3b-2b^2=(7-2)b^2+(-6-3)b$
$\qquad\qquad\qquad\qquad =5b^2-9b$

(6)　$-4xy+9x+10xy-4x$
$\quad =(-4+10)xy+(9-4)x$
$\quad =6xy+5x$

(7)　$3x^2-6x+2x^2+9+8x$
$\quad =(3+2)x^2+(-6+8)x+9$
$\quad =5x^2+2x+9$

(8)　$-4a^2-a-5a+3a^2+7$
$\quad =(-4+3)a^2+(-1-5)a+7$
$\quad =-a^2-6a+7$

❶ (1)$3x+4y$　(2)$5a-3b$　(3)$2x-7y$
(4)x^2+2y

❷ (1)$3x-3y+5$　(2)$-a-2b-3$
(3)$3x-6y-2$　(4)a^2+3a-6

❸ (1)$4x^2+6x$　(2)$5a+8b$　(3)$-x-6y$
(4)$-3x-2y$

❹ (1)$5x+7y-1$　(2)$-3a-2b-3$
(3)$2x+4y-3$　(4)$x+3y+8$
(5)$4a-3b-2$

解き方

❶ (1)　$(2x+y)+(x+3y)=2x+y+x+3y$
$\qquad\qquad\qquad\qquad =3x+4y$

(2)　$(3a+2b)+(2a-5b)=3a+2b+2a-5b$
$\qquad\qquad\qquad\qquad =5a-3b$

(3)　$(3x-4y)-(x+3y)=3x-4y-x-3y$
$\qquad\qquad\qquad\qquad =2x-7y$

(4)　$(4x^2+y)-(3x^2-y)=4x^2+y-3x^2+y$
$\qquad\qquad\qquad\qquad =x^2+2y$

❷ (1)　$(x+y+4)+(2x-4y+1)$
$\quad =x+y+4+2x-4y+1$
$\quad =3x-3y+5$

(2)　$(-2a-3b-2)+(a+b-1)$
$\quad =-2a-3b-2+a+b-1$
$\quad =-a-2b-3$

(3)　$(4x-3y-5)-(x+3y-3)$

3

$$=4x-3y-5-x-3y+3$$
$$=3x-6y-2$$

(4) $(-a^2+a-3)-(-2a^2-2a+3)$
$$=-a^2+a-3+2a^2+2a-3$$
$$=a^2+3a-6$$

❸ (1) $(x^2+4x)+(3x^2+2x)=x^2+4x+3x^2+2x$
$$=4x^2+6x$$

(2) $(2a+3b)+(3a+5b)=2a+3b+3a+5b$
$$=5a+8b$$

(3) $(2x-5y)-(3x+y)=2x-5y-3x-y$
$$=-x-6y$$

(4) $(x-y)-(4x+y)=x-y-4x-y$
$$=-3x-2y$$

❹ (1) $(2x+3y+1)+(3x+4y-2)$
$$=2x+3y+1+3x+4y-2$$
$$=5x+7y-1$$

(2) $(-a+b-4)+(-2a-3b+1)$
$$=-a+b-4-2a-3b+1$$
$$=-3a-2b-3$$

(3) $(4x+y-2)-(2x-3y+1)$
$$=4x+y-2-2x+3y-1$$
$$=2x+4y-3$$

(4) $(-3x-y+5)-(-4x-4y-3)$
$$=-3x-y+5+4x+4y+3$$
$$=x+3y+8$$

(5) $(4+3a-2b)-(6-a+b)$
$$=4+3a-2b-6+a-b$$
$$=4a-3b-2$$

---

⑤ 多項式の加法と減法❷　　本冊 p.12

❶ (1) $4x+6y$　(2) $6x-8y$　(3) $6x+2y-2$
　　(4) $-x+9y-7$　(5) $6a+2b+9$
　　(6) $a+7b-5$

❷ (1) $5x+y$　(2) $-x-7y$

❸ (1) $-3x-3y$　(2) $x+7y$

❹ (1) $4x+3y$　(2) $-7x-6y$　(3) $5x+9y$
　　(4) $5a^2-2a+2$　(5) $-2a+8b-6$
　　(6) $a-8b+8$

❺ (1) $5a-6b$　(2) $a+4b$

---

❻ (1) $-a+4b-2$　(2) $3a-2b-4$
❼ (1) $-2a^2+a+5$　(2) $4a^2+5a-7$

解き方

❶ (1) $\begin{array}{r} x+2y \\ +)\,3x+4y \\ \hline 4x+6y \end{array}$　　(2) $\begin{array}{r} 4x-3y \\ -)-2x+5y \\ \hline 6x-8y \end{array}$

(3) $\begin{array}{r} 2x-\ y+1 \\ +)\,4x+3y-3 \\ \hline 6x+2y-2 \end{array}$　　(4) $\begin{array}{r} 4x+6y-5 \\ -)\,5x-3y+2 \\ \hline -x+9y-7 \end{array}$

(5) $\begin{array}{r} 2a+4b+5 \\ +)\,4a-2b+4 \\ \hline 6a+2b+9 \end{array}$　　(6) $\begin{array}{r} 3a+3b-4 \\ -)\,2a-4b+1 \\ \hline a+7b-5 \end{array}$

❷ (1) $(2x-3y)+(3x+4y)$
$$=2x-3y+3x+4y$$
$$=5x+y$$

(2) $(2x-3y)-(3x+4y)$
$$=2x-3y-3x-4y$$
$$=-x-7y$$

❸ (1) $(-x+2y)+(-2x-5y)$
$$=-x+2y-2x-5y$$
$$=-3x-3y$$

(2) $(-x+2y)-(-2x-5y)$
$$=-x+2y+2x+5y$$
$$=x+7y$$

❹ (1) $\begin{array}{r} 3x+4y \\ +)\ \ \ x-\ y \\ \hline 4x+3y \end{array}$　　(2) $\begin{array}{r} -5x-3y \\ -)\ \ 2x+3y \\ \hline -7x-6y \end{array}$

(3) $\begin{array}{r} 2x+7y \\ -)-3x-2y \\ \hline 5x+9y \end{array}$　　(4) $\begin{array}{r} 2a^2+2a+5 \\ +)\,3a^2-4a-3 \\ \hline 5a^2-2a+2 \end{array}$

(5) $\begin{array}{r} 4a+2b-5 \\ -)\,6a-6b+1 \\ \hline -2a+8b-6 \end{array}$　　(6) $\begin{array}{r} 5a-3b+8 \\ -)\,4a+5b \\ \hline a-8b+8 \end{array}$

❺ (1) $(3a-b)+(2a-5b)$
$$=3a-b+2a-5b$$
$$=5a-6b$$

(2) $(3a-b)-(2a-5b)$
$$=3a-b-2a+5b$$
$$=a+4b$$

❻ (1) $(a+b-3)+(-2a+3b+1)$
 $=a+b-3-2a+3b+1$
 $=-a+4b-2$

 (2) $(a+b-3)-(-2a+3b+1)$
 $=a+b-3+2a-3b-1$
 $=3a-2b-4$

❼ (1) $(a^2+3a-1)+(-3a^2-2a+6)$
 $=a^2+3a-1-3a^2-2a+6$
 $=-2a^2+a+5$

 (2) $(a^2+3a-1)-(-3a^2-2a+6)$
 $=a^2+3a-1+3a^2+2a-6$
 $=4a^2+5a-7$

6 多項式の加法と減法❸ 本冊 p.14

❶ (1)$5x+2$　(2)$-2x+1$　(3)$2a-3b$

❷ (1)$\dfrac{5}{6}x-\dfrac{1}{6}y$　(2)$\dfrac{5}{12}x+\dfrac{11}{12}y$

　(3)$\dfrac{1}{6}x+\dfrac{5}{6}y$

❸ (1)$x-1$　(2)$-3x+1$　(3)$3a+2b$

❹ (1)$\dfrac{7}{12}a+\dfrac{1}{6}b$　(2)$\dfrac{11}{12}a-\dfrac{7}{12}b$

　(3)$-\dfrac{13}{20}a+\dfrac{19}{20}b$　(4)$\dfrac{5}{6}a+\dfrac{3}{4}$

解き方

❶ (1) $(2x+3)+\{4x-(x+1)\}$
 $=2x+3+(3x-1)$
 $=2x+3+3x-1$
 $=5x+2$

 (2) $(x-3)-\{-2x-(-5x+4)\}$
 $=x-3-(3x-4)$
 $=x-3-3x+4$
 $=-2x+1$

 (3) $(-a+b)-\{(-2a+3b)-(a-b)\}$
 $=-a+b-(-3a+4b)$
 $=-a+b+3a-4b$
 $=2a-3b$

❷ (1) $\left(\dfrac{1}{2}x+\dfrac{1}{3}y\right)+\left(\dfrac{1}{3}x-\dfrac{1}{2}y\right)$
 $=\left(\dfrac{1}{2}+\dfrac{1}{3}\right)x+\left(\dfrac{1}{3}-\dfrac{1}{2}\right)y$

 $=\dfrac{5}{6}x-\dfrac{1}{6}y$

 (2) $\left(\dfrac{3}{4}x+\dfrac{2}{3}y\right)-\left(\dfrac{1}{3}x-\dfrac{1}{4}y\right)$
 $=\left(\dfrac{3}{4}-\dfrac{1}{3}\right)x+\left(\dfrac{2}{3}+\dfrac{1}{4}\right)y$

 $=\dfrac{5}{12}x+\dfrac{11}{12}y$

 (3) $\left(-\dfrac{1}{3}x+\dfrac{2}{3}y\right)-\left(-\dfrac{1}{2}x-\dfrac{1}{6}y\right)$
 $=\left(-\dfrac{1}{3}+\dfrac{1}{2}\right)x+\left(\dfrac{2}{3}+\dfrac{1}{6}\right)y$

 $=\dfrac{1}{6}x+\dfrac{5}{6}y$

❸ (1) $(3x+2)+\{2x-(4x+3)\}$
 $=3x+2+(-2x-3)$
 $=3x+2-2x-3$
 $=x-1$

 (2) $(5x-4)-\{7x-(-x+5)\}$
 $=5x-4-(8x-5)$
 $=5x-4-8x+5$
 $=-3x+1$

 (3) $(2a-b)-\{(4a-b)-(5a+2b)\}$
 $=2a-b-(-a-3b)$
 $=2a-b+a+3b$
 $=3a+2b$

❹ (1) $\left(\dfrac{1}{3}a+\dfrac{2}{3}b\right)+\left(\dfrac{1}{4}a-\dfrac{1}{2}b\right)$
 $=\left(\dfrac{1}{3}+\dfrac{1}{4}\right)a+\left(\dfrac{2}{3}-\dfrac{1}{2}\right)b$

 $=\dfrac{7}{12}a+\dfrac{1}{6}b$

 (2) $\left(\dfrac{3}{4}a-\dfrac{1}{3}b\right)-\left(-\dfrac{1}{6}a+\dfrac{1}{4}b\right)$
 $=\left(\dfrac{3}{4}+\dfrac{1}{6}\right)a+\left(-\dfrac{1}{3}-\dfrac{1}{4}\right)b$

 $=\dfrac{11}{12}a-\dfrac{7}{12}b$

 (3) $\left(-\dfrac{1}{4}a+\dfrac{3}{4}b\right)-\left(\dfrac{2}{5}a-\dfrac{1}{5}b\right)$
 $=\left(-\dfrac{1}{4}-\dfrac{2}{5}\right)a+\left(\dfrac{3}{4}+\dfrac{1}{5}\right)b$

 $=-\dfrac{13}{20}a+\dfrac{19}{20}b$

 (4) $\left(\dfrac{1}{2}a+\dfrac{1}{4}\right)-\left(-\dfrac{1}{3}a-\dfrac{1}{2}\right)$
 $=\left(\dfrac{1}{2}+\dfrac{1}{3}\right)a+\dfrac{1}{4}+\dfrac{1}{2}$

 $=\dfrac{5}{6}a+\dfrac{3}{4}$

❶ (1)$6x+9y$　(2)$8a-4b-10$　(3)$2x-y$
❷ (1)$-x-2y+4$　(2)$2a-6b-4$
❸ (1)$4x-3y$　(2)$3a-4b$　(3)$-a^2+3a-4$
❹ (1)$-12x+16y$　(2)$15a-9b+6$
　 (3)$12x-14y$　(4)$-a-2b$
❺ (1)$-2x-3y+6$　(2)a^2+2a-6
　 (3)$-18x+12y-15$　(4)$-10a^2-4a+14$
❻ (1)$-x+3y$　(2)$-2a+5b$
　 (3)$x-3y+5$　(4)$-3a^2-5a+1$

解き方

❶ (1)　$3(2x+3y)=3\times2x+3\times3y$
$$=6x+9y$$
(2)　$2(4a-2b-5)=2\times4a-2\times2b-2\times5$
$$=8a-4b-10$$
(3)　$4\left(\dfrac{x}{2}-\dfrac{y}{4}\right)=4\times\dfrac{x}{2}-4\times\dfrac{y}{4}$
$$=2x-y$$

❷ (1)　$(2x+4y-8)\times\left(-\dfrac{1}{2}\right)$
$$=2x\times\left(-\dfrac{1}{2}\right)+4y\times\left(-\dfrac{1}{2}\right)-8\times\left(-\dfrac{1}{2}\right)$$
$$=-x-2y+4$$
(2)　$(-3a+9b+6)\times\left(-\dfrac{2}{3}\right)$
$$=-3a\times\left(-\dfrac{2}{3}\right)+9b\times\left(-\dfrac{2}{3}\right)+6\times\left(-\dfrac{2}{3}\right)$$
$$=2a-6b-4$$

❸ (1)　$(8x-6y)\div2$
$$=(8x-6y)\times\dfrac{1}{2}$$
$$=8x\times\dfrac{1}{2}-6y\times\dfrac{1}{2}$$
$$=4x-3y$$
(2)　$(-9a+12b)\div(-3)$
$$=(-9a+12b)\times\left(-\dfrac{1}{3}\right)$$
$$=-9a\times\left(-\dfrac{1}{3}\right)+12b\times\left(-\dfrac{1}{3}\right)$$
$$=3a-4b$$
(3)　$(4a^2-12a+16)\div(-4)$
$$=(4a^2-12a+16)\times\left(-\dfrac{1}{4}\right)$$

$$=4a^2\times\left(-\dfrac{1}{4}\right)-12a\times\left(-\dfrac{1}{4}\right)+16\times\left(-\dfrac{1}{4}\right)$$
$$=-a^2+3a-4$$

❹ (1)　$-4(3x-4y)=-4\times3x-(-4)\times4y$
$$=-12x+16y$$
(2)　$3(5a-3b+2)=3\times5a-3\times3b+3\times2$
$$=15a-9b+6$$
(3)　$20\left(\dfrac{3}{5}x-\dfrac{7}{10}y\right)=20\times\dfrac{3}{5}x-20\times\dfrac{7}{10}y$
$$=12x-14y$$
(4)　$-6\left(\dfrac{a}{6}+\dfrac{b}{3}\right)=-6\times\dfrac{a}{6}-6\times\dfrac{b}{3}$
$$=-a-2b$$

❺ (1)　$(6x+9y-18)\times\left(-\dfrac{1}{3}\right)$
$$=6x\times\left(-\dfrac{1}{3}\right)+9y\times\left(-\dfrac{1}{3}\right)-18\times\left(-\dfrac{1}{3}\right)$$
$$=-2x-3y+6$$
(2)　$(-5a^2-10a+30)\times\left(-\dfrac{1}{5}\right)$
$$=-5a^2\times\left(-\dfrac{1}{5}\right)-10a\times\left(-\dfrac{1}{5}\right)+30\times\left(-\dfrac{1}{5}\right)$$
$$=a^2+2a-6$$
(3)　$(-24x+16y-20)\times\dfrac{3}{4}$
$$=-24x\times\dfrac{3}{4}+16y\times\dfrac{3}{4}-20\times\dfrac{3}{4}$$
$$=-18x+12y-15$$
(4)　$(-15a^2-6a+21)\times\dfrac{2}{3}$
$$=-15a^2\times\dfrac{2}{3}-6a\times\dfrac{2}{3}+21\times\dfrac{2}{3}$$
$$=-10a^2-4a+14$$

❻ (1)　$(-6x+18y)\div6$
$$=(-6x+18y)\times\dfrac{1}{6}$$
$$=-6x\times\dfrac{1}{6}+18y\times\dfrac{1}{6}$$
$$=-x+3y$$
(2)　$(16a-40b)\div(-8)$
$$=(16a-40b)\times\left(-\dfrac{1}{8}\right)$$
$$=16a\times\left(-\dfrac{1}{8}\right)-40b\times\left(-\dfrac{1}{8}\right)$$
$$=-2a+5b$$
(3)　$(7x-21y+35)\div7$
$$=(7x-21y+35)\times\dfrac{1}{7}$$

$$= 7x \times \frac{1}{7} - 21y \times \frac{1}{7} + 35 \times \frac{1}{7}$$
$$= x - 3y + 5$$

(4) $(15a^2 + 25a - 5) \div (-5)$

$$= (15a^2 + 25a - 5) \times \left(-\frac{1}{5}\right)$$
$$= 15a^2 \times \left(-\frac{1}{5}\right) + 25a \times \left(-\frac{1}{5}\right) - 5 \times \left(-\frac{1}{5}\right)$$
$$= -3a^2 - 5a + 1$$

⑧ いろいろな多項式の計算❷　本冊 p.18

❶ (1) $8x + y$　(2) $13a - 20b$
　(3) $-8x - 22y$　(4) $7a - 9b$
　(5) $5x^2 - 4x + 1$　(6) $a + 9b - 17$
　(7) $10a^2 - 16a + 12$

❷ (1) $10x - 20y$　(2) $-7a - 8b$
　(3) $-4x^2 - 9x + 14$　(4) $-6x^2 + 7x + 1$
　(5) $a + 8b - 8$　(6) $-14x - 7y + 24$
　(7) $11x^2 - 2x - 1$　(8) $-3x^2 - 2x + 24$

解き方

❶ (1) $2(x + 2y) + 3(2x - y) = 2x + 4y + 6x - 3y$
$$\qquad\qquad\qquad\qquad\qquad = 8x + y$$

(2) $3(3a - 4b) + 4(a - 2b) = 9a - 12b + 4a - 8b$
$$\qquad\qquad\qquad\qquad\qquad = 13a - 20b$$

(3) $-4(3x + 4y) + 2(2x - 3y)$
$$= -12x - 16y + 4x - 6y$$
$$= -8x - 22y$$

(4) $-2(4a + 3b) - 3(-5a + b)$
$$= -8a - 6b + 15a - 3b$$
$$= 7a - 9b$$

(5) $3(x^2 - 2x + 3) + 2(x^2 + x - 4)$
$$= 3x^2 - 6x + 9 + 2x^2 + 2x - 8$$
$$= 5x^2 - 4x + 1$$

(6) $-4(-a - 3b + 5) - 3(a + b - 1)$
$$= 4a + 12b - 20 - 3a - 3b + 3$$
$$= a + 9b - 17$$

(7) $-2(-3a^2 + 2a - 4) + 4(a^2 - 3a + 1)$
$$= 6a^2 - 4a + 8 + 4a^2 - 12a + 4$$
$$= 10a^2 - 16a + 12$$

❷ (1) $4(4x - 3y) - 2(3x + 4y)$

$$= 16x - 12y - 6x - 8y$$
$$= 10x - 20y$$

(2) $-2(2a + 7b) - 3(a - 2b)$
$$= -4a - 14b - 3a + 6b$$
$$= -7a - 8b$$

(3) $6(x^2 + x - 1) + 5(-2x^2 - 3x + 4)$
$$= 6x^2 + 6x - 6 - 10x^2 - 15x + 20$$
$$= -4x^2 - 9x + 14$$

(4) $-3(4x^2 - x + 1) + 2(3x^2 + 2x + 2)$
$$= -12x^2 + 3x - 3 + 6x^2 + 4x + 4$$
$$= -6x^2 + 7x + 1$$

(5) $2(3a - b + 1) + 5(-a + 2b - 2)$
$$= 6a - 2b + 2 - 5a + 10b - 10$$
$$= a + 8b - 8$$

(6) $-5(2x + 3y - 4) - 4(x - 2y - 1)$
$$= -10x - 15y + 20 - 4x + 8y + 4$$
$$= -14x - 7y + 24$$

(7) $3(x^2 - 2x - 7) - 4(-2x^2 - x - 5)$
$$= 3x^2 - 6x - 21 + 8x^2 + 4x + 20$$
$$= 11x^2 - 2x - 1$$

(8) $-4(2x^2 + 3x - 1) + 5(x^2 + 2x + 4)$
$$= -8x^2 - 12x + 4 + 5x^2 + 10x + 20$$
$$= -3x^2 - 2x + 24$$

⑨ いろいろな多項式の計算❸　本冊 p.20

❶ (1) $\dfrac{13a - 3b}{6}$　(2) $\dfrac{-8x + 7y}{12}$
　(3) $\dfrac{-5a + 6b}{6}$　(4) $\dfrac{13x - 24y}{15}$　(5) $\dfrac{a + 3b}{2}$

❷ (1) $\dfrac{7a + 9b}{30}$　(2) $\dfrac{-x - 3y}{15}$
　(3) $\dfrac{5a - 18b}{12}$　(4) $\dfrac{-12x + 11y}{14}$
　(5) $\dfrac{8a - 9b}{3}$　(6) $\dfrac{18x + 13y}{4}$

解き方

❶ (1) $\dfrac{3a + b}{2} + \dfrac{2a - 3b}{3}$

$$= \dfrac{3(3a + b) + 2(2a - 3b)}{6}$$
$$= \dfrac{9a + 3b + 4a - 6b}{6}$$

$$=\frac{13a-3b}{6}$$

(2) $\dfrac{-2x+y}{4}+\dfrac{-x+2y}{6}$

$$=\frac{3(-2x+y)+2(-x+2y)}{12}$$

$$=\frac{-6x+3y-2x+4y}{12}$$

$$=\frac{-8x+7y}{12}$$

(3) $\dfrac{-a+b}{3}-\dfrac{3a-4b}{6}$

$$=\frac{2(-a+b)-(3a-4b)}{6}$$

$$=\frac{-2a+2b-3a+4b}{6}$$

$$=\frac{-5a+6b}{6}$$

(4) $\dfrac{x-3y}{5}-\dfrac{-2x+3y}{3}$

$$=\frac{3(x-3y)-5(-2x+3y)}{15}$$

$$=\frac{3x-9y+10x-15y}{15}$$

$$=\frac{13x-24y}{15}$$

(5) $2a+b-\dfrac{3a-b}{2}$

$$=\frac{2(2a+b)-(3a-b)}{2}$$

$$=\frac{4a+2b-3a+b}{2}$$

$$=\frac{a+3b}{2}$$

❷ (1) $\dfrac{2a-b}{5}+\dfrac{-a+3b}{6}$

$$=\frac{6(2a-b)+5(-a+3b)}{30}$$

$$=\frac{12a-6b-5a+15b}{30}$$

$$=\frac{7a+9b}{30}$$

(2) $\dfrac{-2x-3y}{3}+\dfrac{3x+4y}{5}$

$$=\frac{5(-2x-3y)+3(3x+4y)}{15}$$

$$=\frac{-10x-15y+9x+12y}{15}$$

$$=\frac{-x-3y}{15}$$

(3) $\dfrac{3a-4b}{4}-\dfrac{2a+3b}{6}$

$$=\frac{3(3a-4b)-2(2a+3b)}{12}$$

$$=\frac{9a-12b-4a-6b}{12}$$

$$=\frac{5a-18b}{12}$$

(4) $\dfrac{x+2y}{7}-\dfrac{2x-y}{2}$

$$=\frac{2(x+2y)-7(2x-y)}{14}$$

$$=\frac{2x+4y-14x+7y}{14}$$

$$=\frac{-12x+11y}{14}$$

(5) $3a-2b-\dfrac{a+3b}{3}$

$$=\frac{3(3a-2b)-(a+3b)}{3}$$

$$=\frac{9a-6b-a-3b}{3}$$

$$=\frac{8a-9b}{3}$$

(6) $5x+3y-\dfrac{2x-y}{4}$

$$=\frac{4(5x+3y)-(2x-y)}{4}$$

$$=\frac{20x+12y-2x+y}{4}$$

$$=\frac{18x+13y}{4}$$

⑩ 単項式の乗法❶　　本冊 p.22

❶ (1) $6xy$　(2) $-28ab$　(3) $-18mn$

(4) $40abc$　(5) $18xy$　(6) $-4xy$

(7) $-\dfrac{7}{4}ab$　(8) $10a^2b$　(9) $-24xy^2$

(10) $-6ab^2c$

❷ (1) $20xy$　(2) $-24ab$　(3) $-50mn$

(4) $27abc$　(5) $-39xy$　(6) $35ab$

(7) $-3xy$　(8) $-\dfrac{6}{5}ab$

(9) $25ab^2$　(10) $-21x^2y$　(11) $36a^2b$

(12) $15x^2y^2$　(13) $-16a^2bc$　(14) $-14a^2b^2c$

解き方

❶ (1) $2x\times3y=2\times3\times x\times y=6xy$

(2) $4a\times(-7b)=4\times(-7)\times a\times b$
$$=-28ab$$

(3) $(-3m)\times6n=(-3)\times6\times m\times n$
$$=-18mn$$

(4) $5a \times 8bc = 5 \times 8 \times a \times b \times c$
$\qquad = 40abc$

(5) $(-9x) \times (-2y) = (-9) \times (-2) \times x \times y$
$\qquad\qquad\qquad = 18xy$

(6) $\dfrac{1}{2}x \times (-8y) = \dfrac{1}{2} \times (-8) \times x \times y$
$\qquad\qquad\qquad = -4xy$

(7) $(-7a) \times \dfrac{1}{4}b = (-7) \times \dfrac{1}{4} \times a \times b$
$\qquad\qquad\qquad = -\dfrac{7}{4}ab$

(8) $5ab \times 2a = 5 \times 2 \times a \times a \times b$
$\qquad\qquad = 10a^2b$

(9) $8y \times (-3xy) = 8 \times (-3) \times x \times y \times y$
$\qquad\qquad\qquad = -24xy^2$

(10) $(-3ab) \times 2bc = (-3) \times 2 \times a \times b \times b \times c$
$\qquad\qquad\qquad = -6ab^2c$

❷ (1) $4x \times 5y = 4 \times 5 \times x \times y$
$\qquad\qquad = 20xy$

(2) $6a \times (-4b) = 6 \times (-4) \times a \times b$
$\qquad\qquad\qquad = -24ab$

(3) $10m \times (-5n) = 10 \times (-5) \times m \times n$
$\qquad\qquad\qquad = -50mn$

(4) $(-3ab) \times (-9c) = (-3) \times (-9) \times a \times b \times c$
$\qquad\qquad\qquad = 27abc$

(5) $(-13x) \times 3y = (-13) \times 3 \times x \times y$
$\qquad\qquad\qquad = -39xy$

(6) $(-5a) \times (-7b) = (-5) \times (-7) \times a \times b$
$\qquad\qquad\qquad = 35ab$

(7) $\dfrac{1}{3}x \times (-9y) = \dfrac{1}{3} \times (-9) \times x \times y$
$\qquad\qquad\qquad = -3xy$

(8) $6a \times \left(-\dfrac{1}{5}b\right) = 6 \times \left(-\dfrac{1}{5}\right) \times a \times b$
$\qquad\qquad\qquad = -\dfrac{6}{5}ab$

(9) $5ab \times 5b = 5 \times 5 \times a \times b \times b$
$\qquad\qquad = 25ab^2$

(10) $3x \times (-7xy) = 3 \times (-7) \times x \times x \times y$
$\qquad\qquad\qquad = -21x^2y$

(11) $(-9a) \times (-4ab) = (-9) \times (-4) \times a \times a \times b$
$\qquad\qquad\qquad = 36a^2b$

(12) $5xy \times 3xy = 5 \times 3 \times x \times x \times y \times y$
$\qquad\qquad\qquad = 15x^2y^2$

(13) $(-8ab) \times 2ac = (-8) \times 2 \times a \times a \times b \times c$
$\qquad\qquad\qquad = -16a^2bc$

(14) $2abc \times (-7ab) = 2 \times (-7) \times a \times a \times b \times b \times c$
$\qquad\qquad\qquad = -14a^2b^2c$

⓫ 単項式の乗法❷   本冊 p.24

❶ (1) $3x^3$　(2) $-10a^3$　(3) $9x^2$　(4) $-8a^3$
(5) $-4x^2y^2$　(6) $2a^2b^3$　(7) $16x^2y$
(8) $-2ab^3$　(9) $16x^3y$

❷ (1) $-3x^4$　(2) $-32a^3$　(3) $36x^2$
(4) $-64a^3$　(5) $-24x^2y^2$　(6) $21ab^3$
(7) xy^3　(8) $-4ab^3$　(9) $-49xy^2$
(10) $48ab^2$　(11) $45xy^3$　(12) $-8a^4b$

解き方

❶ (1) $3x \times x^2 = 3 \times x \times x^2 = 3x^3$

(2) $5a^2 \times (-2a) = 5 \times (-2) \times a^2 \times a$
$\qquad\qquad\qquad = -10a^3$

(3) $(-3x)^2 = (-3) \times (-3) \times x \times x$
$\qquad\qquad = 9x^2$

(4) $(-2a)^3 = (-2) \times (-2) \times (-2) \times a \times a \times a$
$\qquad\qquad = -8a^3$

(5) $x^2y \times (-4y) = (-4) \times x^2 \times y \times y$
$\qquad\qquad\qquad = -4x^2y^2$

(6) $\dfrac{1}{4}ab \times 8ab^2 = \dfrac{1}{4} \times 8 \times a \times a \times b \times b^2$
$\qquad\qquad\qquad = 2a^2b^3$

(7) $(-4x)^2 \times y = (-4) \times (-4) \times x \times x \times y$
$\qquad\qquad\qquad = 16x^2y$

(8) $2a \times (-b)^3 = 2 \times a \times (-b) \times (-b) \times (-b)$
$\qquad\qquad\qquad = -2ab^3$

(9) $4xy \times (-2x)^2$
$\quad = 4 \times (-2) \times (-2) \times x \times x \times x \times y$
$\quad = 16x^3y$

❷ (1) $x^3 \times (-3x) = (-3) \times x^3 \times x$
$\qquad\qquad\qquad = -3x^4$

(2) $8a^2 \times (-4a) = 8 \times (-4) \times a^2 \times a$
$\qquad\qquad\qquad = -32a^3$

(3) $(-6x)^2 = (-6) \times (-6) \times x \times x$
$\qquad\qquad = 36x^2$

(4) $(-4a)^3 = (-4) \times (-4) \times (-4) \times a \times a \times a$
$= -64a^3$

(5) $(-12x) \times 2xy^2 = (-12) \times 2 \times x \times x \times y^2$
$= -24x^2y^2$

(6) $(-3ab) \times (-7b^2)$
$= (-3) \times (-7) \times a \times b \times b^2$
$= 21ab^3$

(7) $\frac{1}{4}xy \times (-2y)^2$
$= \frac{1}{4} \times (-2) \times (-2) \times x \times y \times y \times y$
$= xy^3$

(8) $12ab^2 \times \left(-\frac{1}{3}b\right) = 12 \times \left(-\frac{1}{3}\right) \times a \times b^2 \times b$
$= -4ab^3$

(9) $(-7y)^2 \times (-x)$
$= (-7) \times (-7) \times (-1) \times x \times y \times y$
$= -49xy^2$

(10) $3a \times (-4b)^2 = 3 \times (-4) \times (-4) \times a \times b \times b$
$= 48ab^2$

(11) $5xy \times (-3y)^2$
$= 5 \times (-3) \times (-3) \times x \times y \times y \times y$
$= 45xy^3$

(12) $8ab \times (-a)^3$
$= 8 \times (-1) \times (-1) \times (-1) \times a \times a \times a \times b$
$= -8a^4b$

12 単項式の除法　　本冊 p.26

❶ (1)$5y$　(2)$-2a$　(3)$4x^2$　(4)$-3a$
(5)$12y$　(6)$-15a$　(7)$9y$　(8)$-\dfrac{32a}{b}$

❷ (1)$-6x$　(2)$-4b$　(3)$-\dfrac{3}{2}y^2$　(4)$-\dfrac{5}{3}b$
(5)$-12y$　(6)$20b$　(7)12　(8)$-8a$
(9)$\dfrac{15}{8}y$　(10)$-\dfrac{5b}{2a}$

解き方

❶ (1) $10xy \div 2x = \dfrac{10xy}{2x}$
$= 5y$

(2) $8ab \div (-4b) = \dfrac{8ab}{-4b}$
$= -2a$

(3) $(-12x^2y) \div (-3y) = \dfrac{-12x^2y}{-3y}$
$= 4x^2$

(4) $(-9a^2b) \div 3ab = \dfrac{-9a^2b}{3ab}$
$= -3a$

(5) $18xy \div \dfrac{3}{2}x = 18xy \times \dfrac{2}{3x}$
$= \dfrac{18xy \times 2}{3x}$
$= 12y$

(6) $(-6ab) \div \dfrac{2}{5}b = (-6ab) \times \dfrac{5}{2b}$
$= \dfrac{-6ab \times 5}{2b}$
$= -15a$

(7) $15xy^2 \div \dfrac{5}{3}xy = 15xy^2 \times \dfrac{3}{5xy}$
$= \dfrac{15xy^2 \times 3}{5xy}$
$= 9y$

(8) $(-24a^2b) \div \dfrac{3}{4}ab^2 = (-24a^2b) \times \dfrac{4}{3ab^2}$
$= \dfrac{-24a^2b \times 4}{3ab^2}$
$= -\dfrac{32a}{b}$

❷ (1) $12xy \div (-2y) = \dfrac{12xy}{-2y}$
$= -6x$

(2) $20ab \div (-5a) = \dfrac{20ab}{-5a}$
$= -4b$

(3) $(-6xy^2) \div 4x = \dfrac{-6xy^2}{4x}$
$= -\dfrac{3}{2}y^2$

(4) $(-10ab^2) \div 6ab = \dfrac{-10ab^2}{6ab}$
$= -\dfrac{5}{3}b$

(5) $(-28xy) \div \dfrac{7}{3}x = (-28xy) \times \dfrac{3}{7x}$
$= \dfrac{-28xy \times 3}{7x}$
$= -12y$

(6) $32ab \div \dfrac{8}{5}a = 32ab \times \dfrac{5}{8a}$
$= \dfrac{32ab \times 5}{8a}$
$= 20b$

(7) $16xy^2 \div \dfrac{4}{3}xy^2 = 16xy^2 \times \dfrac{3}{4xy^2}$

$\qquad\qquad\qquad = \dfrac{16xy^2 \times 3}{4xy^2}$

$\qquad\qquad\qquad = 12$

(8) $(-36a^2b^2) \div \dfrac{9}{2}ab^2 = (-36a^2b^2) \times \dfrac{2}{9ab^2}$

$\qquad\qquad\qquad\qquad = \dfrac{-36a^2b^2 \times 2}{9ab^2}$

$\qquad\qquad\qquad\qquad = -8a$

(9) $\dfrac{5}{2}xy^2 \div \dfrac{4}{3}xy = \dfrac{5}{2}xy^2 \times \dfrac{3}{4xy}$

$\qquad\qquad\qquad = \dfrac{5xy^2 \times 3}{2 \times 4xy}$

$\qquad\qquad\qquad = \dfrac{15}{8}y$

(10) $\left(-\dfrac{5}{6}ab^2\right) \div \dfrac{1}{3}a^2b = \left(-\dfrac{5}{6}ab^2\right) \times \dfrac{3}{a^2b}$

$\qquad\qquad\qquad\qquad = -\dfrac{5ab^2 \times 3}{6 \times a^2b}$

$\qquad\qquad\qquad\qquad = -\dfrac{5b}{2a}$

⓭ 単項式の乗法と除法　　本冊 p.28

❶　(1) x^2y　(2) a^2　(3) $-\dfrac{2x}{y}$　(4) $4a^2$

　　(5) $2x^2y^2$　(6) $3a^2$　(7) $\dfrac{10}{xy}$　(8) $-\dfrac{3b^2}{2a}$

❷　(1) $\dfrac{x^3}{y}$　(2) ab^3　(3) $4x$　(4) $-5a^2$

　　(5) $-10x^2y$　(6) $4ab$　(7) $-\dfrac{6}{y}$　(8) $-4ab^2$

　　(9) $-\dfrac{9x^2y^2}{5}$

解き方

❶　(1) $xy^2 \times x \div y = \dfrac{xy^2 \times x}{y}$

$\qquad\qquad\qquad = x^2y$

(2) $ab \div b \times a = \dfrac{ab \times a}{b}$

$\qquad\qquad\quad = a^2$

(3) $x^2y \div (-xy^2) \times 2 = \dfrac{x^2y \times 2}{-xy^2}$

$\qquad\qquad\qquad\qquad = -\dfrac{2x}{y}$

(4) $a^3b \div ab \times 4 = \dfrac{a^3b \times 4}{ab}$

$\qquad\qquad\qquad = 4a^2$

(5) $4x^2y^2 \times y \div 2y = \dfrac{4x^2y^2 \times y}{2y}$

$\qquad\qquad\qquad = 2x^2y^2$

(6) $(-6a^3b) \div (-2b) \div a = \dfrac{-6a^3b}{-2b \times a}$

$\qquad\qquad\qquad\qquad = 3a^2$

(7) $5xy \div (-3x^2y^2) \times (-6) = \dfrac{5xy \times (-6)}{-3x^2y^2}$

$\qquad\qquad\qquad\qquad = \dfrac{10}{xy}$

(8) $(-2ab) \div 4a^2b \times 3b^2 = \dfrac{-2ab \times 3b^2}{4a^2b}$

$\qquad\qquad\qquad\qquad = -\dfrac{3b^2}{2a}$

❷　(1) $xy \times x^2 \div y^2 = \dfrac{xy \times x^2}{y^2}$

$\qquad\qquad\qquad = \dfrac{x^3}{y}$

(2) $ab^2 \div a \times ab = \dfrac{ab^2 \times ab}{a}$

$\qquad\qquad\qquad = ab^3$

(3) $x^2y \div (-2xy) \times (-8) = \dfrac{x^2y \times (-8)}{-2xy}$

$\qquad\qquad\qquad\qquad = 4x$

(4) $a^2b \div ab \times (-5a) = \dfrac{a^2b \times (-5a)}{ab}$

$\qquad\qquad\qquad\qquad = -5a^2$

(5) $4xy^2 \times (-5x) \div 2y = \dfrac{4xy^2 \times (-5x)}{2y}$

$\qquad\qquad\qquad\qquad = -10x^2y$

(6) $(-16a^2b^2) \div 4b \div (-a) = \dfrac{-16a^2b^2}{4b \times (-a)}$

$\qquad\qquad\qquad\qquad = 4ab$

(7) $xy \times (-12) \div 2xy^2 = \dfrac{xy \times (-12)}{2xy^2}$

$\qquad\qquad\qquad\qquad = -\dfrac{6}{y}$

(8) $(-2a^2b) \div 4ab \times 8b^2 = \dfrac{-2a^2b \times 8b^2}{4ab}$

$\qquad\qquad\qquad\qquad = -4ab^2$

(9) $(-3xy) \times (-3x^2y) \div (-5x)$

$\qquad = \dfrac{-3xy \times (-3x^2y)}{-5x}$

$\qquad = -\dfrac{9x^2y^2}{5}$

⓮ 式の値　　本冊 p.30

❶　(1) 5　(2) -17　(3) 4

❷　(1) -8　(2) -16　(3) 6

❸ (1) -22 (2) -7 (3) -12

❹ (1) -14 (2) 10 (3) 3 (4) $-\dfrac{5}{12}$

解き方

❶ (1) $2(a+b)+(2a+b)=4a+3b$
$$=4\times2+3\times(-1)$$
$$=5$$

(2) $3(a+b)-4(2a-b)=-5a+7b$
$$=-5\times2+7\times(-1)$$
$$=-17$$

(3) $8a^2b\div(-4a)=-2ab$
$$=-2\times2\times(-1)$$
$$=4$$

❷ (1) $2(a+3b)+(3a-2b)=5a+4b$
$$=5\times(-2)+4\times\dfrac{1}{2}$$
$$=-8$$

(2) $4(2a+b)-(-2a-4b)=10a+8b$
$$=10\times(-2)+8\times\dfrac{1}{2}$$
$$=-16$$

(3) $(-15a^2b^2)\div(-5b)=3a^2b$
$$=3\times(-2)^2\times\dfrac{1}{2}$$
$$=6$$

❸ (1) $2(3a+2b)+(-2a+b)$
$$=4a+5b$$
$$=4\times(-3)+5\times(-2)$$
$$=-22$$

(2) $4(a+2b)-3(3a-b)$
$$=-5a+11b$$
$$=-5\times(-3)+11\times(-2)$$
$$=-7$$

(3) $24a^2b\div6ab=4a=4\times(-3)=-12$

❹ (1) $2(a+3b)+(3a-2b)=5a+4b$
$$=5\times(-3)+4\times\dfrac{1}{4}$$
$$=-14$$

(2) $3(2a+b)-(9a-b)=-3a+4b$
$$=-3\times(-3)+4\times\dfrac{1}{4}$$
$$=10$$

(3) $(-28a^2b^2)\div7ab=-4ab$
$$=-4\times(-3)\times\dfrac{1}{4}$$
$$=3$$

(4) $5ab^2\div(-3ab)=-\dfrac{5}{3}b$
$$=-\dfrac{5}{3}\times\dfrac{1}{4}$$
$$=-\dfrac{5}{12}$$

⑮ 文字式の利用❶　本冊 p.32

❶ (1) $10a+b$ (2) $10b+a$ (3) $11a+11b$
　(4) ア　11，イ　$a+b$

❷ (1) $9a-9b$ (2) ア　9，イ　$a-b$

❸ (1) $100a+10b+c$ (2) $100c+10b+a$
　(3) $99a-99c$ (4) ア　99，イ　$a-c$

❹ (1) $90a-90b$ (2) ア　90，イ　$a-b$

解き方

❶ (1) $10\times a+1\times b=10a+b$

(2) $10\times b+1\times a=10b+a$

(3) $(10a+b)+(10b+a)=11a+11b$

(4) (3)より，2数の和は，$11a+11b$
$11a+11b=11(a+b)$であるから，**ア**は11，**イ**
は$a+b$です。

❷ (1) $(10a+b)-(10b+a)=9a-9b$

(2) (1)より，2数の差は，$9a-9b$
$9a-9b=9(a-b)$であるから，**ア**は9，**イ**は
$a-b$です。

❸ (1) $100\times a+10\times b+c=100a+10b+c$

(2) $100\times c+10\times b+a=100c+10b+a$

(3) $(100a+10b+c)-(100c+10b+a)$
$$=99a-99c$$

(4) (3)より，2数の差は，$99a-99c$
$99a-99c=99(a-c)$であるから，**ア**は99，**イ**
は$a-c$です。

❹ (1) $(100a+10b+c)-(100b+10a+c)$
$$=90a-90b$$

(2) (1)より，2数の差は，$90a-90b$
$90a-90b=90(a-b)$であるから，**ア**は90，**イ**
は$a-b$です。

⑯ 文字式の利用❷ 本冊 p.34

❶ (1)$2n+2$　(2)$2n+4$　(3)$6n+6$
　(4)ア　6，イ　$n+1$
❷ (1)$3n+3$　(2)ア　3，イ　$n+1$
❸ (1)$2n+3$　(2)$2n+5$　(3)$6n+9$
　(4)ア　3，イ　$2n+3$
❹ (1)$2n+3$　(2)$4n+4$　(3)ア　4，イ　$n+1$

解き方

❶ (1)　$(2n)+2=2n+2$
(2)　$(2n+2)+2=2n+4$
(3)　$(2n)+(2n+2)+(2n+4)=6n+6$
(4)　(3)より，連続する3つの偶数（ぐうすう）の和は，$6n+6$
　　$6n+6=6(n+1)$であるから，アは6，イは
　　$n+1$です。
❷ (1)　$(n)+(n+1)+(n+2)=3n+3$
(2)　(1)より，連続する3つの整数の和は，$3n+3$
　　$3n+3=3(n+1)$であるから，アは3，イは
　　$n+1$です。
❸ (1)　$(2n+1)+2=2n+3$
(2)　$(2n+3)+2=2n+5$
(3)　$(2n+1)+(2n+3)+(2n+5)=6n+9$
(4)　(3)より，連続する3つの奇数（きすう）の和は，$6n+9$
　　$6n+9=3(2n+3)$であるから，アは3，イは
　　$2n+3$です。
❹ (1)　$(2n+1)+2=2n+3$
(2)　$(2n+1)+(2n+3)=4n+4$
(3)　(2)より，連続する2つの奇数の和は，$4n+4$
　　$4n+4=4(n+1)$であるから，アは4，イは
　　$n+1$です。

⑰ 文字式の利用❸ 本冊 p.36

❶ (1)$n-7$　(2)$n+7$　(3)$3n$　(4)3
❷ (1)$n-1$　(2)$3n+6$　(3)ア　3，イ　$n+2$
❸ (1)$n-2$　(2)$n+2$　(3)$5n$　(4)5
❹ (1)$n-2$　(2)$n+7$　(3)$4n+4$
　(4)ア　4，イ　$n+1$

解き方

❶ (1)　$(n)-7=n-7$
(2)　$(n)+7=n+7$
(3)　$(n-7)+(n)+(n+7)=3n$
(4)　(3)より，3つの数の和は，$3n$
　　nは整数であるから，これは3の倍数です。
❷ (1)　$(n)-1=n-1$
(2)　$(n-1)+(n)+(n+7)=3n+6$
(3)　(2)より，3つの数の和は，$3n+6$
　　$3n+6=3(n+2)$であるから，アは3，イは
　　$n+2$です。
❸ (1)　$(n)-2=n-2$
(2)　$(n)+2=n+2$
(3)　$(n-2)+(n-1)+(n)+(n+1)+(n+2)=5n$
(4)　(3)より，5つの数の和は，$5n$
　　nは整数であるから，これは5の倍数です。
❹ (1)　$(n)-2=n-2$
(2)　$(n)+7=n+7$
(3)　$(n-2)+(n-1)+(n)+(n+7)=4n+4$
(4)　(3)より，4つの数の和は，$4n+4$
　　$4n+4=4(n+1)$であるから，アは4，イは
　　$n+1$です。

⑱ 文字式の利用❹ 本冊 p.38

❶ (1)$x=\dfrac{6-y}{2}$　(2)$x=\dfrac{3}{y}$　(3)$x=\dfrac{15}{y}$
　(4)$x=\dfrac{5}{3}-y$
❷ (1)$b=\dfrac{20}{a}$　(2)5cm
❸ (1)$y=\dfrac{5-3x}{2}$　(2)$y=\dfrac{7x+6}{4}$　(3)$y=-\dfrac{4}{x}$
　(4)$y=-\dfrac{8}{x}$　(5)$y=2x-\dfrac{10}{3}$
❹ (1)$h=\dfrac{96}{a^2}$　(2)6cm

解き方

❶ (1)　$2x+y=6$
　　　$2x=6-y$
　　　$x=\dfrac{6-y}{2}$
(2)　$4xy=12$

$$x=\frac{12}{4y}$$

$$x=\frac{3}{y}$$

(3) $\quad \frac{1}{3}xy=5$

$$xy=15$$

$$x=\frac{15}{y}$$

(4) $\quad 3(x+y)=5$

$$x+y=\frac{5}{3}$$

$$x=\frac{5}{3}-y$$

❷ (1) $\quad ab=20$

$$b=\frac{20}{a}$$

(2) $\quad b=\frac{20}{a}=\frac{20}{4}=5\,(\text{cm})$

❸ (1) $\quad 3x+2y=5$

$$2y=5-3x$$

$$y=\frac{5-3x}{2}$$

(2) $\quad 7x-4y=-6$

$$-4y=-7x-6$$

$$y=\frac{7x+6}{4}$$

(3) $\quad -6xy=24$

$$y=\frac{24}{-6x}$$

$$y=-\frac{4}{x}$$

(4) $\quad \frac{1}{4}xy=-2$

$$xy=-8$$

$$y=-\frac{8}{x}$$

(5) $\quad 3(2x-y)=10$

$$2x-y=\frac{10}{3}$$

$$-y=-2x+\frac{10}{3}$$

$$y=2x-\frac{10}{3}$$

❹ (1) $\quad \frac{1}{3}a^2h=32$

$$a^2h=96$$

$$h=\frac{96}{a^2}$$

(2) $\quad h=\frac{96}{a^2}=\frac{96}{4^2}=6\,(\text{cm})$

⓳ まとめのテスト❶　　本冊 p.40

❶ (1)**3次式** (2)**5次式**

❷ (1)$5x^2-2x$ (2)$x-2$ (3)$\dfrac{8}{15}a+\dfrac{5}{12}b$
　(4)$2x^2+16x-9$ (5)$\dfrac{-9x+29y}{28}$

❸ (1)$b-1$ (2)$-4a+7b-9$

❹ (1)$-3xy^3$ (2)$\dfrac{8x^2y^3}{9}$ ❺ -2

❻ (1)$8n+8$ (2)ア　**8**, イ　$n+1$

解き方

❶ それぞれの項の次数のうち，もっとも大きいものが，その多項式の次数です。次数が1の式は1次式，次数が2の式は2次式，…となります。

❷ (1) $\quad (3x^2+4x)+(2x^2-6x)$

$$=3x^2+4x+2x^2-6x$$

$$=5x^2-2x$$

(2) $\quad (4x-6)-\{8x-(5x+4)\}$

$$=4x-6-(3x-4)$$

$$=4x-6-3x+4$$

$$=x-2$$

(3) $\quad \left(\frac{1}{5}a+\frac{2}{3}b\right)+\left(\frac{1}{3}a-\frac{1}{4}b\right)$

$$=\left(\frac{1}{5}+\frac{1}{3}\right)a+\left(\frac{2}{3}-\frac{1}{4}\right)b$$

$$=\frac{8}{15}a+\frac{5}{12}b$$

(4) $\quad -5(2x^2-2x+3)+3(4x^2+2x+2)$

$$=-10x^2+10x-15+12x^2+6x+6$$

$$=2x^2+16x-9$$

(5) $\quad \dfrac{x+3y}{4}-\dfrac{4x-2y}{7}=\dfrac{7(x+3y)-4(4x-2y)}{28}$

$$=\dfrac{7x+21y-16x+8y}{28}$$

$$=\dfrac{-9x+29y}{28}$$

❸ (1) $\quad (-2a+4b-5)+(2a-3b+4)$

$$=-2a+4b-5+2a-3b+4$$

$$=b-1$$

(2) $\quad (-2a+4b-5)-(2a-3b+4)$

$$=-2a+4b-5-2a+3b-4$$

$$=-4a+7b-9$$

❹ (1) $\quad -\frac{1}{3}xy\times(-3y)^2$

$$= -\frac{1}{3} \times (-3) \times (-3) \times x \times y \times y \times y$$
$$= -3xy^3$$

(2) $(-4xy) \times (-2x^2y^2) \div 9x$

$$= \frac{-4xy \times (-2x^2y^2)}{9x}$$

$$= \frac{8x^2y^3}{9}$$

❺ $5(2a+3b) - (7a-5b) = 3a + 20b$
$$= 3 \times (-2) + 20 \times \frac{1}{5}$$
$$= -2$$

❻ (1) $(2n-1) + (2n+1) + (2n+3) + (2n+5)$
$$= 8n + 8$$

(2) (1)より，連続する4つの奇数の和は，$8n+8$
$8n+8 = 8(n+1)$ であるから，アは8，イは
$n+1$です。

⑳ 連立方程式 本冊 p.42

❶ (1)ア，カ　(2)イ，オ　(3)ウ，エ
❷ (1)イ　(2)カ
❸ (1)ア，エ　(2)イ，カ　(3)ウ，オ，カ
❹ (1)ウ　(2)カ　(3)エ

解き方

❶ x，y の値の組を式に代入して，**両辺の値が等しくなるもの**を選びます。

❷ x，y の値の組のうち，連立方程式の**両方の方程式の解であるもの**を選びます。

❸ x，y の値の組を式に代入して，両辺の値が等しくなるものを選びます。

❹ x，y の値の組のうち，連立方程式の両方の方程式の解であるものを選びます。

㉑ 加減法❶ 本冊 p.44

❶ (1)$x=1$，$y=2$　(2)$x=2$，$y=1$
　(3)$x=-1$，$y=3$　(4)$x=2$，$y=3$
　(5)$x=-3$，$y=-4$
❷ (1)$x=2$，$y=4$　(2)$x=1$，$y=5$
　(3)$x=-2$，$y=2$　(4)$x=3$，$y=4$
　(5)$x=-1$，$y=-3$

---

(6)$x=-2$，$y=-2$

解き方

❶ 連立方程式の1つ目の方程式を①，2つ目の方程式を②とします。

(1) ①＋②より，$3x=3$
　$x=1$
　これを①に代入して，$2 \times 1 + y = 4$
　$y=2$

(2) ①＋②より，$4y=4$
　$y=1$
　これを①に代入して，$2x+1=5$
　$x=2$

(3) ①－②より，$-3x=3$
　$x=-1$
　これを①に代入して，$-1+3y=8$
　$y=3$

(4) ①－②より，$6y=18$
　$y=3$
　これを①に代入して，$2x+3=7$
　$x=2$

(5) ①－②より，$3x=-9$
　$x=-3$
　これを①に代入して，$-3+2y=-11$
　$y=-4$

❷ 連立方程式の1つ目の方程式を①，2つ目の方程式を②とします。

(1) ①＋②より，$4x=8$
　$x=2$
　これを①に代入して，$2+y=6$
　$y=4$

(2) ①＋②より，$5y=25$
　$y=5$
　これを①に代入して，$x+4 \times 5 = 21$
　$x=1$

(3) ①－②より，$-2x=4$
　$x=-2$
　これを①に代入して，$-2-2y=-6$
　$y=2$

(4) ①－②より，$-8y=-32$

$y=4$

これを①に代入して，$2x-3\times4=-6$

$x=3$

(5) ①－②より，$9x=-9$

$x=-1$

これを①に代入して，$4\times(-1)+3y=-13$

$y=-3$

(6) ①－②より，$8x=-16$

$x=-2$

これを①に代入して，$5\times(-2)+4y=-18$

$y=-2$

㉒ 加減法❷

本冊 p.46

❶ (1)$x=2$，$y=1$ (2)$x=2$，$y=-1$
(3)$x=-2$，$y=4$ (4)$x=2$，$y=2$
(5)$x=-3$，$y=-1$
❷ (1)$x=3$，$y=4$ (2)$x=2$，$y=5$
(3)$x=-3$，$y=2$ (4)$x=-1$，$y=4$
(5)$x=-2$，$y=-3$ (6)$x=-3$，$y=-3$

解き方

❶ 連立方程式の1つ目の方程式を①，2つ目の方程式を②とします。

(1) ①×2より，$2x+2y=6$ ……①′

①′－②より，$5y=5$

$y=1$

これを①に代入して，$x+1=3$

$x=2$

(2) ②×2より，$2x+8y=-4$ ……②′

②′－①より，$3y=-3$

$y=-1$

これを②に代入して，$x+4\times(-1)=-2$

$x=2$

(3) ①×3より，$9x+3y=-6$ ……①′

①′－②より，$4x=-8$

$x=-2$

これを①に代入して，$3\times(-2)+y=-2$

$y=4$

(4) ①×4より，$8x+4y=24$ ……①′

①′＋②より，$x=2$

これを①に代入して，$2\times2+y=6$

$y=2$

(5) ②×2より，$-4x+10y=2$ ……②′

②′－①より，$13y=-13$

$y=-1$

これを②に代入して，$-2x+5\times(-1)=1$

$x=-3$

❷ 連立方程式の1つ目の方程式を①，2つ目の方程式を②とします。

(1) ①×3より，$3x+3y=21$ ……①′

①′－②より，$7y=28$

$y=4$

これを①に代入して，$x+4=7$

$x=3$

(2) ①×5より，$30x-5y=35$ ……①′

①′＋②より，$29x=58$

$x=2$

これを①に代入して，$6\times2-y=7$

$y=5$

(3) ①×3より，$3x+12y=15$ ……①′

①′－②より，$13y=26$

$y=2$

これを①に代入して，$x+4\times2=5$

$x=-3$

(4) ②×3より，$21x+6y=3$ ……②′

①＋②′より，$16x=-16$

$x=-1$

これを②に代入して，$7\times(-1)+2y=1$

$y=4$

(5) ②×2より，$-10x+4y=8$ ……②′

①＋②′より，$-7x=14$

$x=-2$

これを①に代入して，$3\times(-2)-4y=6$

$y=-3$

(6) ①×2より，$-8x+10y=-6$ ……①′

①′－②より，$-5x=15$

$x=-3$

これを①に代入して，$-4\times(-3)+5y=-3$

$y=-3$

㉓ 加減法❸

本冊 p.48

❶ (1)$x=1$, $y=2$　(2)$x=2$, $y=-2$
(3)$x=-1$, $y=3$　(4)$x=3$, $y=2$
(5)$x=-4$, $y=-2$

❷ (1)$x=2$, $y=4$　(2)$x=3$, $y=1$
(3)$x=-3$, $y=3$　(4)$x=-1$, $y=5$
(5)$x=-2$, $y=3$　(6)$x=-1$, $y=-3$

解き方

❶ 連立方程式の1つ目の方程式を①，2つ目の方程式を②とします。

(1)　①×2より，$6x+4y=14$　……①′
②×3より，$6x-9y=-12$　……②′
①′−②′より，$13y=26$
$y=2$
これを①に代入して，$3x+2×2=7$
$x=1$

(2)　①×4より，$8x+12y=-8$　……①′
②×3より，$15x+12y=6$　……②′
①′−②′より，$-7x=-14$
$x=2$
これを①に代入して，$2×2+3y=-2$
$y=-2$

(3)　①×5より，$35x+20y=25$　……①′
②×4より，$12x+20y=48$　……②′
①′−②′より，$23x=-23$
$x=-1$
これを①に代入して，$7×(-1)+4y=5$
$y=3$

(4)　①×2より，$6x+8y=34$　……①′
②×3より，$-6x-9y=-36$　……②′
①′+②′より，$-y=-2$
$y=2$
これを①に代入して，$3x+4×2=17$
$x=3$

(5)　①×5より，$-10x-35y=110$　……①′
②×2より，$-10x+18y=4$　……②′
①′−②′より，$-53y=106$
$y=-2$

これを①に代入して，$-2x-7×(-2)=22$
$x=-4$

❷ 連立方程式の1つ目の方程式を①，2つ目の方程式を②とします。

(1)　①×3より，$12x+9y=60$　……①′
②×4より，$12x-16y=-40$　……②′
①′−②′より，$25y=100$
$y=4$
これを①に代入して，$4x+3×4=20$
$x=2$

(2)　①×2より，$10x-12y=18$　……①′
②×5より，$-10x+25y=-5$　……②′
①′+②′より，$13y=13$
$y=1$
これを①に代入して，$5x-6×1=9$
$x=3$

(3)　①×4より，$8x+20y=36$　……①′
②×5より，$35x+20y=-45$　……②′
②′−①′より，$27x=-81$
$x=-3$
これを①に代入して，$2×(-3)+5y=9$
$y=3$

(4)　①×3より，$-15x-6y=-15$　……①′
②×2より，$16x+6y=14$　……②′
①′+②′より，$x=-1$
これを②に代入して，$8×(-1)+3y=7$
$y=5$

(5)　①×9より，$18x-27y=-117$　……①′
②×2より，$-18x-16y=-12$　……②′
①′+②′より，$-43y=-129$
$y=3$
これを①に代入して，$2x-3×3=-13$
$x=-2$

(6)　①×5より，$-15x+35y=-90$　……①′
②×7より，$-56x+35y=-49$　……②′
①′−②′より，$41x=-41$
$x=-1$
これを①に代入して，$-3×(-1)+7y=-18$
$y=-3$

❶ (1)$x=2$, $y=4$ (2)$x=2$, $y=-1$
(3)$x=-4$, $y=3$ (4)$x=3$, $y=-2$
(5)$x=5$, $y=-1$

❷ (1)$x=9$, $y=3$ (2)$x=3$, $y=-2$
(3)$x=-2$, $y=-5$ (4)$x=3$, $y=-4$
(5)$x=4$, $y=-1$ (6)$x=-4$, $y=-5$

解き方

❶ 連立方程式の1つ目の方程式を①，2つ目の方程式を②とします。

(1) ①を②に代入して，$3x-2x=2$
$x=2$
これを①に代入して，$y=2\times2$
$y=4$

(2) ②を①に代入して，$2(2y+4)+3y=1$
$4y+8+3y=1$
$y=-1$
これを②に代入して，$x=2\times(-1)+4$
$x=2$

(3) ②を①に代入して，$3x+4(-2x-5)=0$
$3x-8x-20=0$
$x=-4$
これを②に代入して，$y=-2\times(-4)-5$
$y=3$

(4) ①を②に代入して，$-3(2y+7)-4y=-1$
$-6y-21-4y=-1$
$y=-2$
これを①に代入して，$x=2\times(-2)+7$
$x=3$

(5) ①を②に代入して，$-2x+9=3x-16$
$x=5$
これを①に代入して，$y=-2\times5+9$
$y=-1$

❷ 連立方程式の1つ目の方程式を①，2つ目の方程式を②とします。

(1) ①を②に代入して，$2\times3y-5y=3$
$6y-5y=3$
$y=3$
これを①に代入して，$x=3\times3$

$x=9$

(2) ②を①に代入して，$3(-2y-1)+4y=1$
$-6y-3+4y=1$
$y=-2$
これを②に代入して，$x=-2\times(-2)-1$
$x=3$

(3) ①を②に代入して，$4(3x+1)=7x-6$
$12x+4=7x-6$
$x=-2$
これを①に代入して，$y=3\times(-2)+1$
$y=-5$

(4) ①を②に代入して，$5(3y+15)-2y=23$
$15y+75-2y=23$
$y=-4$
これを①に代入して，$x=3\times(-4)+15$
$x=3$

(5) ①を②に代入して，$-3x-7(-2x+7)=-5$
$-3x+14x-49=-5$
$x=4$
これを①に代入して，$y=-2\times4+7$
$y=-1$

(6) ①を②に代入して，$3x+7=-2x-13$
$x=-4$
これを①に代入して，$y=3\times(-4)+7$
$y=-5$

❶ (1)$x=1$, $y=3$ (2)$x=-2$, $y=2$
(3)$x=-4$, $y=2$ (4)$x=3$, $y=-1$
(5)$x=4$, $y=-5$

❷ (1)$x=6$, $y=-1$ (2)$x=-3$, $y=1$
(3)$x=-2$, $y=3$ (4)$x=-3$, $y=-5$
(5)$x=4$, $y=-3$ (6)$x=-2$, $y=5$

解き方

❶ 連立方程式の1つ目の方程式を①，2つ目の方程式を②とします。

(1) ①より，$y=3x$ ……①′
①′を②に代入して，$4x-3x=1$
$x=1$

これを①′に代入して，$y = 3 \times 1$

$y = 3$

(2)　②より，$x = 3y - 8$　……②′

　②′を①に代入して，$3(3y - 8) + 2y = -2$

　$9y - 24 + 2y = -2$

　$y = 2$

　これを②′に代入して，$x = 3 \times 2 - 8$

　$x = -2$

(3)　②より，$y = -3x - 10$　……②′

　②′を①に代入して，$2x + 3(-3x - 10) = -2$

　$2x - 9x - 30 = -2$

　$x = -4$

　これを②′に代入して，$y = -3 \times (-4) - 10$

　$y = 2$

(4)　①より，$x = 3y + 6$　……①′

　①′を②に代入して，$-2(3y + 6) - 5y = -1$

　$-6y - 12 - 5y = -1$

　$y = -1$

　これを①′に代入して，$x = 3 \times (-1) + 6$

　$x = 3$

(5)　①より，$y = -2x + 3$　……①′

　①′を②に代入して，$3x + 2(-2x + 3) = 2$

　$3x - 4x + 6 = 2$

　$x = 4$

　これを①′に代入して，$y = -2 \times 4 + 3$

　$y = -5$

❷　連立方程式の1つ目の方程式を①，2つ目の方程式を②とします。

(1)　①より，$x = -6y$　……①′

　①′を②に代入して，$3 \times (-6y) + 8y = 10$

　$-18y + 8y = 10$

　$y = -1$

　これを①′に代入して，$x = -6 \times (-1)$

　$x = 6$

(2)　②より，$x = -4y + 1$　……②′

　②′を①に代入して，$3(-4y + 1) + 2y = -7$

　$-12y + 3 + 2y = -7$

　$y = 1$

　これを②′に代入して，$x = -4 \times 1 + 1$

　$x = -3$

(3)　①より，$y = 2x + 7$　……①′

①′を②に代入して，$5(2x + 7) = -7x + 1$

$10x + 35 = -7x + 1$

$x = -2$

これを①′に代入して，$y = 2 \times (-2) + 7$

$y = 3$

(4)　①より，$x = 3y + 12$　……①′

①′を②に代入して，$7(3y + 12) - 2y = -11$

$21y + 84 - 2y = -11$

$y = -5$

これを①′に代入して，$x = 3 \times (-5) + 12$

$x = -3$

(5)　①より，$y = -2x + 5$　……①′

①′を②に代入して，$-6x - 5(-2x + 5) = -9$

$-6x + 10x - 25 = -9$

$x = 4$

これを①′に代入して，$y = -2 \times 4 + 5$

$y = -3$

(6)　①より，$y = -3x - 1$　……①′

①′を②に代入して，$4(-3x - 1) = -7x + 6$

$-12x - 4 = -7x + 6$

$x = -2$

これを①′に代入して，$y = -3 \times (-2) - 1$

$y = 5$

㉖ いろいろな連立方程式❶　本冊 p.54

❶　(1)$x = 2$，$y = 1$　(2)$x = 3$，$y = -2$
　　(3)$x = -1$，$y = 4$　(4)$x = 3$，$y = 5$
　　(5)$x = -4$，$y = -1$

❷　(1)$x = -2$，$y = 2$　(2)$x = 4$，$y = -2$
　　(3)$x = -1$，$y = -3$　(4)$x = 2$，$y = 6$
　　(5)$x = -2$，$y = -3$　(6)$x = 5$，$y = -2$

解き方

❶　連立方程式の1つ目の方程式を①，2つ目の方程式を②とします。

(1)　①より，$6x + 2y = 14$　……①′

　①′＋②×2より，$12x = 24$

　$x = 2$

　これを②に代入して，$3 \times 2 - y = 5$

　$y = 1$

(2) ①より，$6x-3y=24$ ……①′

①′＋②より，$11x=33$

$x=3$

これを②に代入して，$5×3+3y=9$

$y=-2$

(3) ②より，$-12x-8y=-20$ ……②′

①×2＋②′より，$-6x=6$

$x=-1$

これを①に代入して，$3×(-1)+4y=13$

$y=4$

(4) ①より，$5x-4y=-5$ ……①′

①′＋②より，$2x=6$

$x=3$

これを②に代入して，$-3×3+4y=11$

$y=5$

(5) ①より，$-2x+y=7$ ……①′

②より，$-2x-3y=11$ ……②′

①′－②′より，$4y=-4$

$y=-1$

これを①′に代入して，$-2x-1=7$

$x=-4$

❷ 連立方程式の1つ目の方程式を①，2つ目の方程式を②とします。

(1) ①より，$6x-10y=-32$ ……①′

①′＋②×2より，$-18y=-36$

$y=2$

これを②に代入して，$-3x-4×2=-2$

$x=-2$

(2) ①より，$4x+12y=-8$ ……①′

①′＋②×2より，$14x=56$

$x=4$

これを②に代入して，$5×4-6y=32$

$y=-2$

(3) ②より，$-10x+5y=-5$ ……②′

①×2－②′より，$y=-3$

これを①に代入して，$-5x+3×(-3)=-4$

$x=-1$

(4) ①より，$9x-4y=-6$ ……①′

①′＋②×4より，$x=2$

これを②に代入して，$-2×2+y=2$

$y=6$

(5) ①より，$8x-9y=11$ ……①′

②より，$-5x+3y=1$ ……②′

①′＋②′×3より，$-7x=14$

$x=-2$

これを②′に代入して，$-5×(-2)+3y=1$

$y=-3$

(6) ①より，$-3x+5y=-25$ ……①′

②より，$-3x-4y=-7$ ……②′

①′－②′より，$9y=-18$

$y=-2$

これを②′に代入して，$-3x-4×(-2)=-7$

$x=5$

27 いろいろな連立方程式❷　本冊 p.56

❶ (1)$x=3$, $y=1$　(2)$x=2$, $y=-3$

(3)$x=-2$, $y=4$　(4)$x=3$, $y=2$

(5)$x=-3$, $y=-2$

❷ (1)$x=3$, $y=4$　(2)$x=3$, $y=5$

(3)$x=-3$, $y=1$　(4)$x=-2$, $y=4$

(5)$x=-3$, $y=-3$　(6)$x=4$, $y=-6$

解き方

❶ 連立方程式の1つ目の方程式を①，2つ目の方程式を②とします。

(1) ①×10より，$x+y=4$ ……①′

①′×2－②より，$5y=5$

$y=1$

これを①′に代入して，$x+1=4$

$x=3$

(2) ②×10より，$3x+y=3$ ……②′

②′×3－①より，$7x=14$

$x=2$

これを①に代入して，$2×2+3y=-5$

$y=-3$

(3) ①×100より，$3x+2y=2$ ……①′

①′×2－②より，$x=-2$

これを①′に代入して，$3×(-2)+2y=2$

$y=4$

(4) ①×10より，$3x+5y=19$ ……①′

②×10より，$7x-2y=17$ ……②′

①′×2＋②′×5より，$41x=123$

$x=3$

これを①′に代入して，$3×3+5y=19$

$y=2$

(5) ①×10より，$-4x-3y=18$ ……①′

②×100より，$-5x+2y=11$ ……②′

①′×2＋②′×3より，$-23x=69$

$x=-3$

これを①′に代入して，$-4×(-3)-3y=18$

$y=-2$

❷ 連立方程式の1つ目の方程式を①，2つ目の方程式を②とします。

(1) ①×10より，$2x+y=10$ ……①′

①′×4＋②より，$13x=39$

$x=3$

これを①′に代入して，$2×3+y=10$

$y=4$

(2) ②×10より，$-x+3y=12$ ……②′

②′×5＋①より，$13y=65$

$y=5$

これを①に代入して，$5x-2×5=5$

$x=3$

(3) ①×100より，$2x+5y=-1$ ……①′

①′＋②×5より，$17x=-51$

$x=-3$

これを②に代入して，$3×(-3)-y=-10$

$y=1$

(4) ①×10より，$-3x-6y=-18$ ……①′

②×10より，$7x+2y=-6$ ……②′

①′＋②′×3より，$18x=-36$

$x=-2$

これを②′に代入して，$7×(-2)+2y=-6$

$y=4$

(5) ①×100より，$3x-4y=3$ ……①′

②×100より，$-5x+9y=-12$ ……②′

①′×5＋②′×3より，$7y=-21$

$y=-3$

これを①′に代入して，$3x-4×(-3)=3$

$x=-3$

(6) ①×100より，$-5x-3y=-2$ ……①′

②×10より，$4x+7y=-26$ ……②′

①′×4＋②′×5より，$23y=-138$

$y=-6$

これを①′に代入して，$-5x-3×(-6)=-2$

$x=4$

---

28 いろいろな連立方程式**❸** 本冊 p.58

❶ (1) $x=3$，$y=4$　(2) $x=2$，$y=-2$
(3) $x=-2$，$y=3$　(4) $x=5$，$y=3$
(5) $x=-6$，$y=-4$

❷ (1) $x=3$，$y=8$　(2) $x=2$，$y=3$
(3) $x=6$，$y=-5$　(4) $x=-2$，$y=2$
(5) $x=-4$，$y=-3$　(6) $x=8$，$y=-4$

解き方

❶ 連立方程式の1つ目の方程式を①，2つ目の方程式を②とします。

(1) ①×12より，$4x+9y=48$ ……①′

①′－②×2より，$11y=44$

$y=4$

これを②に代入して，$2x-4=2$

$x=3$

(2) ②×2より，$3x+y=4$ ……②′

②′×3－①より，$4x=8$

$x=2$

これを①に代入して，$5×2+3y=4$

$y=-2$

(3) ②×6より，$-3x+2y=12$ ……②′

②′－①×2より，$-11x=22$

$x=-2$

これを①に代入して，$4×(-2)+y=-5$

$y=3$

(4) ①×30より，$3x+5y=30$ ……①′

②×15より，$-6x-5y=-45$ ……②′

①′＋②′より，$-3x=-15$

$x=5$

これを①′に代入して，$3×5+5y=30$

$y=3$

(5) ①×6より，$-2x-3y=24$ ……①′

②×12より，$-2x+9y=-24$ ……②′

①′－②′より，$-12y=48$

21

$y=-4$

これを①′に代入して，$-2x-3\times(-4)=24$

$x=-6$

❷ 連立方程式の1つ目の方程式を①，2つ目の方程式を②とします。

(1) ①×12より，$4x+3y=36$ ……①′

①′+②より，$8x=24$

$x=3$

これを②に代入して，$4\times3-3y=-12$

$y=8$

(2) ②×2より，$-5x-4y=-22$ ……②′

①×4-②′より，$21x=42$

$x=2$

これを①に代入して，$4\times2-y=5$

$y=3$

(3) ①×30より，$25x+18y=60$ ……①′

①′+②×6より，$13x=78$

$x=6$

これを②に代入して，$-2\times6-3y=3$

$y=-5$

(4) ①×6より，$-x-2y=-2$ ……①′

①′×7+②より，$-9y=-18$

$y=2$

これを②に代入して，$7x+5\times2=-4$

$x=-2$

(5) ①×12より，$3x-8y=12$ ……①′

②×6より，$-9x+2y=30$ ……②′

①′×3+②′より，$-22y=66$

$y=-3$

これを①′に代入して，$3x-8\times(-3)=12$

$x=-4$

(6) ①×4より，$-3x+2y=-32$ ……①′

②×8より，$-x+3y=-20$ ……②′

①′-②′×3より，$-7y=28$

$y=-4$

これを②′に代入して，$-x+3\times(-4)=-20$

$x=8$

㉙ いろいろな連立方程式④ <inline data="本冊 p.60" />

❶ (1)$x=2$，$y=3$ (2)$x=2$，$y=-1$

(3)$x=-2$，$y=4$ (4)$x=4$，$y=3$

(5)$x=6$，$y=-2$

❷ (1)$x=-2$，$y=1$ (2)$x=3$，$y=-2$

(3)$x=-4$，$y=5$ (4)$x=6$，$y=2$

(5)$x=4$，$y=-1$ (6)$x=-8$，$y=-2$

解き方

❶ 連立方程式の1つ目の方程式を①，2つ目の方程式を②とします。

(1) ①×2より，$x+y=5$ ……①′

②-①′より，$2x=4$

$x=2$

これを①′に代入して，$2+y=5$

$y=3$

(2) ②×8より，$x-2y=4$ ……②′

②′×2-①より，$-7y=7$

$y=-1$

これを②′に代入して，$x-2\times(-1)=4$

$x=2$

(3) ②×6より，$3x+2y=2$ ……②′

②′×3-①より，$4x=-8$

$x=-2$

これを②′に代入して，$3\times(-2)+2y=2$

$y=4$

(4) ①×10より，$2x-y=5$ ……①′

②×5より，$x+2y=10$ ……②′

①′×2+②′より，$5x=20$

$x=4$

これを①′に代入して，$2\times4-y=5$

$y=3$

(5) ①×6より，$x+4y=-2$ ……①′

②×12より，$2x-3y=18$ ……②′

①′×2-②′より，$11y=-22$

$y=-2$

これを①′に代入して，$x+4\times(-2)=-2$

$x=6$

❷ 連立方程式の1つ目の方程式を①，2つ目の方程式を②とします。

(1)　①×8より，$x-2y=-4$　……①′

　　①′−②より，$-6y=-6$

　　$y=1$

　　これを②に代入して，$x+4×1=2$

　　$x=-2$

(2)　②×9より，$-x-3y=3$　……②′

　　①+②′×3より，$-4y=8$

　　$y=-2$

　　これを①に代入して，$3x+5×(-2)=-1$

　　$x=3$

(3)　②×3より，$4x+2y=-6$　……②′

　　①×2−②′より，$-8y=-40$

　　$y=5$

　　これを①に代入して，$2x-3×5=-23$

　　$x=-4$

(4)　①×4より，$3x-y=16$　……①′

　　②×12より，$2x+3y=18$　……②′

　　①′×3+②′より，$11x=66$

　　$x=6$

　　これを①′に代入して，$3×6-y=16$

　　$y=2$

(5)　①×15より，$2x+3y=5$　……①′

　　②×20より，$3x-3y=15$　……②′

　　①′+②′より，$5x=20$

　　$x=4$

　　これを①′に代入して，$2×4+3y=5$

　　$y=-1$

(6)　①×3より，$x+2y=-12$　……①′

　　②×6より，$2x-3y=-10$　……②′

　　①′×2−②′より，$7y=-14$

　　$y=-2$

　　これを①′に代入して，$x+2×(-2)=-12$

　　$x=-8$

30 いろいろな連立方程式❺ 　本冊 p.62

❶　(1)$x=1$, $y=2$　(2)$x=3$, $y=-1$

　　(3)$x=-2$, $y=2$　(4)$x=4$, $y=-2$

　　(5)$x=3$, $y=-3$

❷　(1)$x=-1$, $y=4$　(2)$x=4$, $y=-3$

　　(3)$x=-3$, $y=-2$　(4)$x=2$, $y=-4$

---

(5)$x=5$, $y=-3$　(6)$x=-4$, $y=1$

解き方

❶　$A=B=C$の形で表された連立方程式は，

　$A=B$, $A=C$, $B=C$のうち，**いずれか2つの式を組み合わせて解きます。**

(1)　$\begin{cases} 3x+y=5 & \cdots\cdots① \\ x+2y=5 & \cdots\cdots② \end{cases}$

　　①×2−②より，$5x=5$

　　$x=1$

　　これを①に代入して，$3×1+y=5$

　　$y=2$

(2)　$\begin{cases} x-5y=8 & \cdots\cdots① \\ 2x-2y=8 & \cdots\cdots② \end{cases}$

　　①×2−②より，$-8y=8$

　　$y=-1$

　　これを①に代入して，$x-5×(-1)=8$

　　$x=3$

(3)　$\begin{cases} 2x+y=3y-8 & \cdots\cdots① \\ 3x+2y=3y-8 & \cdots\cdots② \end{cases}$

　　①より，$2x-2y=-8$　……①′

　　②より，$3x-y=-8$　……②′

　　①′−②′×2より，$-4x=8$

　　$x=-2$

　　これを②′に代入して，$3×(-2)-y=-8$

　　$y=2$

(4)　$\begin{cases} x-y=2x+y & \cdots\cdots① \\ x-y=3x-6 & \cdots\cdots② \end{cases}$

　　①より，$-x-2y=0$　……①′

　　②より，$-2x-y=-6$　……②′

　　①′×2−②′より，$-3y=6$

　　$y=-2$

　　これを①′に代入して，$-x-2×(-2)=0$

　　$x=4$

(5)　$\begin{cases} 3x+y=-x+9 & \cdots\cdots① \\ x-y=-x+9 & \cdots\cdots② \end{cases}$

　　①より，$4x+y=9$　……①′

　　②より，$2x-y=9$　……②′

　　①′+②′より，$6x=18$

　　$x=3$

　　これを②′に代入して，$2×3-y=9$

　　$y=-3$

❷ (1) $\begin{cases} 3x+y=1 & \cdots\cdots① \\ 7x+2y=1 & \cdots\cdots② \end{cases}$

①×2−②より，$-x=1$

$x=-1$

これを①に代入して，$3\times(-1)+y=1$

$y=4$

(2) $\begin{cases} 2x-y=11 & \cdots\cdots① \\ -x-5y=11 & \cdots\cdots② \end{cases}$

①+②×2より，$-11y=33$

$y=-3$

これを②に代入して，$-x-5\times(-3)=11$

$x=4$

(3) $\begin{cases} 2x+y=2y-4 & \cdots\cdots① \\ x+y-3=2y-4 & \cdots\cdots② \end{cases}$

①より，$2x-y=-4$ $\cdots\cdots①'$

②より，$x-y=-1$ $\cdots\cdots②'$

①′−②′より，$x=-3$

これを②′に代入して，$-3-y=-1$

$y=-2$

(4) $\begin{cases} 3x-y=x-2y & \cdots\cdots① \\ 5x+y+4=x-2y & \cdots\cdots② \end{cases}$

①より，$2x+y=0$ $\cdots\cdots①'$

②より，$4x+3y=-4$ $\cdots\cdots②'$

①′×2−②′より，$-y=4$

$y=-4$

これを①′に代入して，$2x-4=0$

$x=2$

(5) $\begin{cases} 2x+2y=-2y-2 & \cdots\cdots① \\ -x-3y=-2y-2 & \cdots\cdots② \end{cases}$

①より，$2x+4y=-2$ $\cdots\cdots①'$

②より，$-x-y=-2$ $\cdots\cdots②'$

①′+②′×2より，$2y=-6$ $\quad y=-3$

これを②′に代入して，$-x-(-3)=-2$

$x=5$

(6) $\begin{cases} x+4y=2x-y+9 & \cdots\cdots① \\ x+4y=-x-2y-2 & \cdots\cdots② \end{cases}$

①より，$-x+5y=9$ $\cdots\cdots①'$

②より，$2x+6y=-2$ $\cdots\cdots②'$

①′×2+②′より，$16y=16$ $\quad y=1$

これを①′に代入して，$-x+5\times1=9$

$x=-4$

本冊 p.64

㉛ いろいろな連立方程式❻

❶ (1) $a=3$，$b=2$　(2) $a=-2$，$b=1$
　(3) $a=2$，$b=4$　(4) $a=3$，$b=-3$

❷ (1) $a=2$，$b=1$　(2) $a=-1$，$b=3$
　(3) $a=3$，$b=-2$

❸ (1) $a=2$，$b=3$　(2) $a=-2$，$b=1$

解き方

❶ それぞれの連立方程式に $x=2$，$y=-1$ を代入して a，b についての連立方程式として解きます。

(1) $\begin{cases} 2a-b=4 & \cdots\cdots① \\ 2a+b=8 & \cdots\cdots② \end{cases}$

①+②より，$4a=12$

$a=3$

これを①に代入して，$2\times3-b=4$

$b=2$

(2) $\begin{cases} 4a-b=-9 & \cdots\cdots① \\ 2a+3b=-1 & \cdots\cdots② \end{cases}$

①×3+②より，$14a=-28$

$a=-2$

これを①に代入して，$4\times(-2)-b=-9$

$b=1$

(3) $\begin{cases} 2b-a=6 & \cdots\cdots① \\ 2a+2b=12 & \cdots\cdots② \end{cases}$

①−②より，$-3a=-6$

$a=2$

これを①に代入して，$2b-2=6$

$b=4$

(4) $\begin{cases} -a-4b=9 & \cdots\cdots① \\ 2a-b=9 & \cdots\cdots② \end{cases}$

①×2+②より，$-9b=27$

$b=-3$

これを②に代入して，$2a-(-3)=9$

$a=3$

❷ それぞれの連立方程式に $x=-3$，$y=2$ を代入して a，b についての連立方程式として解きます。

(1) $\begin{cases} -3a+8b=2 & \cdots\cdots① \\ -3a-2b=-8 & \cdots\cdots② \end{cases}$

①−②より，$10b=10$ $\quad b=1$

これを①に代入して，$-3a+8\times1=2$

$a=2$

(2) $\begin{cases} -3a+2b=9 & \cdots\cdots① \\ -6a-6b=-12 & \cdots\cdots② \end{cases}$

①×2−②より，$10b=30$　　$b=3$

これを①に代入して，$-3a+2\times3=9$

$a=-1$

(3) $\begin{cases} 2a-3b=12 & \cdots\cdots① \\ -3a-4b=-1 & \cdots\cdots② \end{cases}$

①×3+②×2より，$-17b=34$　　$b=-2$

これを①に代入して，$2a-3\times(-2)=12$

$a=3$

❸ それぞれの連立方程式に$x=-1$，$y=-2$を代入してa，bについての連立方程式として解きます。

(1) $\begin{cases} -a-4b=-14 & \cdots\cdots① \\ -a+4b=10 & \cdots\cdots② \end{cases}$

①+②より，$-2a=-4$

$a=2$

これを②に代入して，$-2+4b=10$

$b=3$

(2) $\begin{cases} -3b-2a=1 & \cdots\cdots① \\ -2a+2b=6 & \cdots\cdots② \end{cases}$

②−①より，$5b=5$

$b=1$

これを②に代入して，$-2a+2\times1=6$

$a=-2$

32 連立方程式の利用❶　本冊 p.66

❶ (1)$\boldsymbol{x+y=5}$　(2)$\boldsymbol{10x+y=10y+x+9}$
(3)**32**

❷ (1)$\boldsymbol{x=3y+1}$　(2)**41**

❸ **64**　❹ **36**　❺ **59**

解き方

❶ (1) 十の位の数をx，一の位の数をyとするから，$x+y=5$

(2) もとの数は$10x+y$，十の位の数と一の位の数を入れかえた数は$10y+x$と表せるから，
$10x+y=10y+x+9$

(3) $\begin{cases} x+y=5 \\ 10x+y=10y+x+9 \end{cases}$ を解いて，

$x=3$，$y=2$

よって，もとの数は32

❷ (1) 十の位の数をx，一の位の数をyとするから，$x=3y+1$

(2) $\begin{cases} x=3y+1 \\ 10x+y=10y+x+27 \end{cases}$ を解いて，

$x=4$，$y=1$

よって，もとの数は41

❸ もとの数の十の位の数をx，一の位の数をyとします。

$\begin{cases} x+y=10 \\ 10x+y=10y+x+18 \end{cases}$ を解いて，

$x=6$，$y=4$

よって，もとの数は64

❹ もとの数の十の位の数をx，一の位の数をyとします。

$\begin{cases} x+y=9 \\ 10x+y=10y+x-27 \end{cases}$ を解いて，

$x=3$，$y=6$

よって，もとの数は36

❺ もとの数の十の位の数をx，一の位の数をyとします。

$\begin{cases} y=2x-1 \\ 10x+y=10y+x-36 \end{cases}$ を解いて，

$x=5$，$y=9$

よって，もとの数は59

33 連立方程式の利用❷　本冊 p.68

❶ (1)$\boldsymbol{x+y=7}$　(2)$\boldsymbol{400x+300y=2300}$
(3)**ケーキ　2個，プリン　5個**

❷ (1)$\boldsymbol{5x+3y=4700}$
(2)**大人　700円，中学生　400円**

❸ **りんご　8個，みかん　7個**

❹ **ボールペン　2本，鉛筆（えんぴつ）　9本**

❺ **大人　900円，中学生　500円**

解き方

❶ (1) ケーキをx個，プリンをy個買ったとするから，$x+y=7$

(2) ケーキは1個400円，プリンは1個300円であるから，$400x+300y=2300$

(3) $\begin{cases} x+y=7 \\ 400x+300y=2300 \end{cases}$ を解いて,

$x=2, \ y=5$

よって，ケーキ2個，プリン5個

❷ (1) 大人1人の入館料をx円，中学生1人の入館料をy円とするから，$5x+3y=4700$

(2) $\begin{cases} 5x+3y=4700 \\ 4x+8y=6000 \end{cases}$ を解いて,

$x=700, \ y=400$

よって，大人700円，中学生400円

❸ りんごをx個，みかんをy個買ったとします。

$\begin{cases} x+y=15 \\ 150x+100y=1900 \end{cases}$ を解いて,

$x=8, \ y=7$

よって，りんご8個，みかん7個

❹ ボールペンをx本，鉛筆をy本買ったとします。

$\begin{cases} x+y=11 \\ 200x+80y=1120 \end{cases}$ を解いて,

$x=2, \ y=9$

よって，ボールペン2本，鉛筆9本

❺ 大人1人の入場料をx円，中学生1人の入場料をy円とします。

$\begin{cases} 2x+3y=3300 \\ 5x+9y=9000 \end{cases}$ を解いて， $x=900, \ y=500$

よって，大人900円，中学生500円

㉞ 連立方程式の利用❸ 本冊 p.70

❶ (1)$12x+12y=2400$

(2)$24y-24x=2400$

(3)Aさん　分速$50\,\mathrm{m}$,
　　Bさん　分速$150\,\mathrm{m}$

❷ (1)$750+x=30y$

(2)長さ　$150\,\mathrm{m}$，速さ　秒速$30\,\mathrm{m}$

❸ Aさん　分速$140\,\mathrm{m}$，Bさん　分速$60\,\mathrm{m}$

❹ 長さ　$200\,\mathrm{m}$，速さ　秒速$40\,\mathrm{m}$

❺ 長さ　$180\,\mathrm{m}$，速さ　秒速$35\,\mathrm{m}$

解き方

❶ (1)　Aさんが12分間で進んだ道のりと，Bさんが12分間で進んだ道のりの和が2400mで

あるから，$12x+12y=2400$

(2)　Bさんが24分間で進んだ道のりと，Aさんが24分間で進んだ道のりの差が2400mであるから，$24y-24x=2400$

(3) $\begin{cases} 12x+12y=2400 \\ 24y-24x=2400 \end{cases}$ を解いて,

$x=50, \ y=150$

よって，Aさんは分速50 m，Bさんは分速150 m

❷ (1)　列車は30秒間に，**橋の長さと列車の長さを合わせた長さだけ進んでいる**から，

$750+x=30y$

(2) $\begin{cases} 750+x=30y \\ 1050+x=40y \end{cases}$ を解いて,

$x=150, \ y=30$

よって，長さ150 m，速さは秒速30 m

❸ Aさんの速さを分速xm，Bさんの速さを分速ymとします。

$\begin{cases} 14x+14y=2800 \\ 35x-35y=2800 \end{cases}$ を解いて,

$x=140, \ y=60$

よって，Aさんは分速140 m，Bさんは分速60 m

❹ 列車の長さをxm，列車の速さを秒速ymとします。

$\begin{cases} 600+x=20y \\ 1000+x=30y \end{cases}$ を解いて， $x=200, \ y=40$

よって，長さ200 m，速さは秒速40 m

❺ 列車の長さをxm，列車の速さを秒速ymとします。

$\begin{cases} 730+x=26y \\ 1010+x=34y \end{cases}$ を解いて， $x=180, \ y=35$

よって，長さ180 m，速さは秒速35 m

㉟ 連立方程式の利用❹ 本冊 p.72

❶ (1)$8x+8y=40$　(2)$(3+7)x+7y=41$

(3)ポンプA　2L，ポンプB　3L

❷ (1)$\dfrac{5}{100}x+\dfrac{10}{100}y=29$

(2)男子　200人，女子　190人

❸ ポンプA　4L，ポンプB　6L

❹ 男子　160人，女子　180人

❺ 男子　220人，女子　240人

解き方

❶ (1)　ポンプAによって8分間に入る水の量と，ポンプBによって8分間に入る水の量の和が40Lであるから，$8x+8y=40$

(2)　ポンプAによって$(3+7)$分間に入る水の量と，ポンプBによって7分間に入る水の量の和が41Lであるから，$(3+7)x+7y=41$

(3)　$\begin{cases} 8x+8y=40 \\ (3+7)x+7y=41 \end{cases}$ を解いて，

$x=2,\ y=3$

よって，ポンプAは2L，ポンプBは3L

❷ (1)　男子の増えた人数と女子の増えた人数の和が29人であるから，$\dfrac{5}{100}x+\dfrac{10}{100}y=29$

(2)　$\begin{cases} x+y=390 \\ \dfrac{5}{100}x+\dfrac{10}{100}y=29 \end{cases}$ を解いて，

$x=200,\ y=190$

よって，男子200人，女子190人

❸　ポンプAは1分間にxL，ポンプBは1分間にyLの水を入れることができるとします。

$\begin{cases} 5x+5y=50 \\ (2+6)x+6y=68 \end{cases}$ を解いて，

$x=4,\ y=6$

よって，ポンプAは4L，ポンプBは6L

❹　昨年の，男子の人数をx人，女子の人数をy人とします。

$\begin{cases} x+y=340 \\ \dfrac{10}{100}x-\dfrac{5}{100}y=7 \end{cases}$ を解いて，

$x=160,\ y=180$

よって，男子160人，女子180人

❺　昨年の，男子の人数をx人，女子の人数をy人とします。

$\begin{cases} x+y=460 \\ \dfrac{10}{100}x-\dfrac{10}{100}y=-2 \end{cases}$ を解いて，

$x=220,\ y=240$

よって，男子220人，女子240人

---

36 連立方程式の利用❺

本冊 p.74

❶ (1) $x+y=700$　(2) $\dfrac{10}{100}x+\dfrac{5}{100}y=60$

(3) ケーキ　500円，チョコレート　200円

❷ (1) $\dfrac{3}{100}x+\dfrac{6}{100}y=600\times\dfrac{5}{100}$

(2) 3%の食塩水　200g，
　6%の食塩水　400g

❸ 弁当　600円，おにぎり　150円

❹ 3%の食塩水　300g，7%の食塩水　100g

❺ 3%の食塩水　400g，8%の食塩水　600g

解き方

❶ (1)　ケーキ1個の定価をx円，チョコレート1個の定価をy円とするから，$x+y=700$

(2)　ケーキの定価の10%とチョコレートの定価の5%の和が60円であるから，

$\dfrac{10}{100}x+\dfrac{5}{100}y=60$

(3)　$\begin{cases} x+y=700 \\ \dfrac{10}{100}x+\dfrac{5}{100}y=60 \end{cases}$ を解いて，

$x=500,\ y=200$

よって，ケーキ500円，チョコレート200円

❷ (1)　**混ぜる前とあとで食塩の量は変わらない**から，$\dfrac{3}{100}x+\dfrac{6}{100}y=600\times\dfrac{5}{100}$

(2)　$\begin{cases} x+y=600 \\ \dfrac{3}{100}x+\dfrac{6}{100}y=600\times\dfrac{5}{100} \end{cases}$ を解いて，

$x=200,\ y=400$

よって，3%の食塩水200g，6%の食塩水400g

❸　弁当1個の定価をx円，おにぎり1個の定価をy円とします。

$\begin{cases} x+y=750 \\ \dfrac{2}{10}x+\dfrac{1}{10}y=135 \end{cases}$ を解いて，

$x=600,\ y=150$

よって，弁当600円，おにぎり150円

❹　3%の食塩水をxg，7%の食塩水をyg混ぜるとします。

$\begin{cases} x+y=400 \\ \dfrac{3}{100}x+\dfrac{7}{100}y=400\times\dfrac{4}{100} \end{cases}$ を解いて，

$x=300,\ y=100$

よって，3%の食塩水300g，7%の食塩水100g

❺ 3%の食塩水をxg，8%の食塩水をyg混ぜると
します。

$$\begin{cases} x+y=1000 \\ \dfrac{3}{100}x+\dfrac{8}{100}y=1000\times\dfrac{6}{100} \end{cases} \text{を解いて，}$$

$x=400$，$y=600$

よって，3%の食塩水400g，8%の食塩水600g

㊲ まとめのテスト❷ 本冊 p.76

❶ (1)$x=-1$，$y=3$　(2)$x=-3$，$y=2$
　(3)$x=-2$，$y=-3$　(4)$x=4$，$y=3$
　(5)$x=-2$，$y=2$

❷ 73

❸ Aさん　分速200m，Bさん　分速50m

❹ (1)男子　210人，女子　200人
　(2)男子　231人，女子　208人

解き方

❶ (1)～(4)の連立方程式の1つ目の方程式を①，2
つ目の方程式を②とします。

(1)　①×4より，$20x+12y=16$　……①′
　②×5より，$20x+35y=85$　……②′
　②′−①′より，$23y=69$
　$y=3$
　これを①に代入して，$5x+3\times3=4$
　$x=-1$

(2)　②より，$y=-2x-4$　……②′
　②′を①に代入して，$3x+4(-2x-4)=-1$
　$3x-8x-16=-1$
　$x=-3$
　これを②′に代入して，$y=-2\times(-3)-4$
　$y=2$

(3)　①×100より，$3x-4y=6$　……①′
　②×100より，$-5x+8y=-14$　……②′
　①′×2+②′より，$x=-2$
　これを①′に代入して，$3\times(-2)-4y=6$
　$y=-3$

(4)　①×24より，$3x+4y=24$　……①′
　②×6より，$-9x+2y=-30$　……②′

①′×3+②′より，$14y=42$
　$y=3$
　これを①′に代入して，$3x+4\times3=24$
　$x=4$

(5)　$\begin{cases} 4x+y=2x-2 \quad\cdots\cdots① \\ 5x+2y=2x-2 \quad\cdots\cdots② \end{cases}$
　①より，$2x+y=-2$　……①′
　②より，$3x+2y=-2$　……②′
　①′×2−②′より，$x=-2$
　これを①′に代入して，$2\times(-2)+y=-2$
　$y=2$

❷ もとの数の十の位の数をx，一の位の数をyと
します。

$$\begin{cases} x=2y+1 \\ 10x+y=10y+x+36 \end{cases}\text{を解いて，}$$

$x=7$，$y=3$

よって，もとの数は73

❸ Aさんの速さを分速xm，Bさんの速さを分速
ymとします。

$$\begin{cases} 12x+12y=3000 \\ 20x-20y=3000 \end{cases}\text{を解いて，}$$

$x=200$，$y=50$

よって，Aさんは分速200m，Bさんは分速
50m

❹ (1)　昨年の，男子の人数をx人，女子の人数を
y人とします。

$$\begin{cases} x+y=410 \\ \dfrac{10}{100}x+\dfrac{4}{100}y=29 \end{cases}\text{を解いて，}$$

$x=210$，$y=200$

よって，男子210人，女子200人

(2)　今年の男子の人数は，

$210+210\times\dfrac{10}{100}=231$（人）

今年の女子の人数は，

$200+200\times\dfrac{4}{100}=208$（人）

㊳ 1次関数 本冊 p.78

❶ ア，イ，オ，カ

❷ (1)$y=100x+200$，○

(2) $y=\dfrac{1500}{x}$, ×　(3) $y=30x+20$, ○

❸　イ，ウ，エ，オ

❹　(1) $y=20x+50$, ○　(2) $y=3x$, ○

　　(3) $y=\dfrac{900}{x}$, ×　(4) $y=-x+40$, ○

　　(5) $y=0.4x+30$, ○

解き方

❶　$y=ax+b$で表されていれば1次関数です。

　　$b=0$のときは比例の式であり，これも1次関数で

　　あることに注意します。

❷　(1)　代金の合計は，(ノートの値段)＋(ペン1

　　　　本の値段)×(本数)で求められるので，

　　　　$y=100x+200$

　　(2)　かかる時間は，(道のり)÷(速さ)で求められ

　　　　るので，$y=\dfrac{1500}{x}$

　　(3)　全体の水の量は，(はじめの水の量)＋(1分間

　　　　に入る水の量)×(水を入れた時間)で求められ

　　　　るので，$y=30x+20$

❸　$y=ax+b$で表されていれば1次関数です。

　　$b=0$のときは比例の式であり，これも1次関数で

　　あることに注意します。

❹　(1)　全体の重さは，(皿の重さ)＋(チョコレー

　　　　ト1個の重さ)×(個数)で求められるので，

　　　　$y=20x+50$

　　(2)　正三角形の周の長さは，(1辺の長さ)×3で

　　　　求められるので，$y=3x$

　　(3)　長方形の横の長さは，(面積)÷(縦の長さ)で

　　　　求められるので，$y=\dfrac{900}{x}$

　　(4)　水の温度は，(はじめの温度)－(1分間に下が

　　　　る温度)×(時間)で求められるので，

　　　　$y=-x+40$

　　(5)　ばねの長さは，(はじめの長さ)＋(おもり1g

　　　　でのびる長さ)×(おもりの重さ)で求められる

　　　　ので，$y=0.4x+30$

㊴ 変化の割合　本冊 p.80

❶　(1) 7　(2) 11　(3) 2　(4) -11　(5) -1　(6) 2

❷　(1) -4　(2) -10　(3) -3

---

❸　(1) 0　(2) 2　(3) $\dfrac{1}{2}$　(4) -3　(5) 1　(6) $\dfrac{1}{2}$

❹　(1) 2　(2) -2　(3) -1

解き方

❶　(1)　$y=2\times3+1=7$

　　(2)　$y=2\times5+1=11$

　　(3)　$\dfrac{11-7}{5-3}=\dfrac{4}{2}=2$

　　(4)　$y=2\times(-6)+1=-11$

　　(5)　$y=2\times(-1)+1=-1$

　　(6)　$\dfrac{-1-(-11)}{-1-(-6)}=\dfrac{10}{5}=2$

❷　(1)　$y=-3\times2+2=-4$

　　(2)　$y=-3\times4+2=-10$

　　(3)　$\dfrac{-10-(-4)}{4-2}=\dfrac{-6}{2}=-3$

❸　(1)　$y=\dfrac{1}{2}\times2-1=0$

　　(2)　$y=\dfrac{1}{2}\times6-1=2$

　　(3)　$\dfrac{2-0}{6-2}=\dfrac{2}{4}=\dfrac{1}{2}$

　　(4)　$y=\dfrac{1}{2}\times(-4)-1=-3$

　　(5)　$y=\dfrac{1}{2}\times4-1=1$

　　(6)　$\dfrac{1-(-3)}{4-(-4)}=\dfrac{4}{8}=\dfrac{1}{2}$

❹　(1)　$y=-3+5=2$

　　(2)　$y=-7+5=-2$

　　(3)　$\dfrac{-2-2}{7-3}=\dfrac{-4}{4}=-1$

㊵ 1次関数の変化の割合　本冊 p.82

❶　(1) 3　(2) 6　(3) 15

❷　(1) -4　(2) -12　(3) -28　❸　ウ，エ

❹　(1) $\dfrac{1}{3}$　(2) 1　(3) 8

❺　(1) $-\dfrac{1}{4}$　(2) -2　(3) $-\dfrac{1}{2}$　❻　(1)オ　(2)エ

解き方

❶　(1)　$y=3x+1$より，変化の割合は3

　　(2)　$3\times2=6$

　　(3)　$3\times5=15$

❷ (1) $y=-4x+3$ より，変化の割合は -4

(2) $-4\times3=-12$

(3) $-4\times7=-28$

❸ 変化の割合が，$\dfrac{6}{3}=2$ である式を選べばよいので，**ウ，エ**

❹ (1) $y=\dfrac{1}{3}x+4$ より，変化の割合は $\dfrac{1}{3}$

(2) $\dfrac{1}{3}\times3=1$

(3) $\dfrac{1}{3}\times24=8$

❺ (1) $y=-\dfrac{1}{4}x-1$ より，変化の割合は $-\dfrac{1}{4}$

(2) $-\dfrac{1}{4}\times8=-2$

(3) $-\dfrac{1}{4}\times2=-\dfrac{1}{2}$

❻ (1) 変化の割合が，$\dfrac{12}{3}=4$ である式を選べばよいので，**オ**

(2) 変化の割合が，$\dfrac{18}{6}=3$ である式を選べばよいので，**エ**

㊶ 反比例するときの変化の割合 本冊 p.84

❶ (1)-2　(2)-3　(3)-1　**❷** (1)$\dfrac{1}{2}$　(2)1

❸ (1)-2　(2)-1　(3)$-\dfrac{1}{3}$

❹ (1)2　(2)6　(3)$\dfrac{3}{2}$

解き方

❶ y の増加量を x の増加量でわって変化の割合を求めます。

(1) $x=2$ のとき $y=\dfrac{12}{2}=6$

$x=3$ のとき $y=\dfrac{12}{3}=4$

よって，$\dfrac{4-6}{3-2}=\dfrac{-2}{1}=-2$

(2) $x=1$ のとき $y=\dfrac{12}{1}=12$

$x=4$ のとき $y=\dfrac{12}{4}=3$

よって，$\dfrac{3-12}{4-1}=\dfrac{-9}{3}=-3$

(3) $x=-6$ のとき $y=\dfrac{12}{-6}=-2$

$x=-2$ のとき $y=\dfrac{12}{-2}=-6$

よって，$\dfrac{-6-(-2)}{-2-(-6)}=\dfrac{-4}{4}=-1$

❷ (1) $x=2$ のとき $y=-\dfrac{8}{2}=-4$

$x=8$ のとき $y=-\dfrac{8}{8}=-1$

よって，$\dfrac{-1-(-4)}{8-2}=\dfrac{3}{6}=\dfrac{1}{2}$

(2) $x=-4$ のとき $y=-\dfrac{8}{-4}=2$

$x=-2$ のとき $y=-\dfrac{8}{-2}=4$

よって，$\dfrac{4-2}{-2-(-4)}=\dfrac{2}{2}=1$

❸ (1) $x=3$ のとき $y=\dfrac{36}{3}=12$

$x=6$ のとき $y=\dfrac{36}{6}=6$

よって，$\dfrac{6-12}{6-3}=\dfrac{-6}{3}=-2$

(2) $x=4$ のとき $y=\dfrac{36}{4}=9$

$x=9$ のとき $y=\dfrac{36}{9}=4$

よって，$\dfrac{4-9}{9-4}=\dfrac{-5}{5}=-1$

(3) $x=-18$ のとき $y=\dfrac{36}{-18}=-2$

$x=-6$ のとき $y=\dfrac{36}{-6}=-6$

よって，$\dfrac{-6-(-2)}{-6-(-18)}=\dfrac{-4}{12}=-\dfrac{1}{3}$

❹ (1) $x=2$ のとき $y=-\dfrac{24}{2}=-12$

$x=6$ のとき $y=-\dfrac{24}{6}=-4$

よって，$\dfrac{-4-(-12)}{6-2}=\dfrac{8}{4}=2$

(2) $x=-4$ のとき $y=-\dfrac{24}{-4}=6$

$x=-1$ のとき $y=-\dfrac{24}{-1}=24$

よって，$\dfrac{24-6}{-1-(-4)}=\dfrac{18}{3}=6$

(3) $x=-8$ のとき $y=-\dfrac{24}{-8}=3$

$x=-2$ のとき $y=-\dfrac{24}{-2}=12$

よって，$\dfrac{12-3}{-2-(-8)}=\dfrac{9}{6}=\dfrac{3}{2}$

㊷ 1次関数のグラフ上の点　　本冊 p.86

❶ (1)イ，エ，オ　(2)6　(3)-3
❷ (1)ア，ウ，エ　(2)-4　(3)4
❸ (1)イ，ウ，カ　(2)3　(3)-1　(4)5
❹ (1)イ，エ，カ　(2)-6　(3)-2　(4)2

解き方

❶ (1) $y=x+2$ の直線上にある点を答えます。
　(2) $y=x+2$ の直線は$(4，6)$を通るので，6
　(3) $y=x+2$ の直線は$(-5，-3)$を通るので，-3
❷ (1) $y=-2x-2$ の直線上にある点を答えます。
　(2) $y=-2x-2$ の直線は$(1，-4)$を通るので，-4
　(3) $y=-2x-2$ の直線は$(-3，4)$を通るので，4
❸ (1) $y=2x-1$ の直線上にある点を答えます。
　(2) $y=2x-1$ の直線は$(2，3)$を通るので，3
　(3) $y=2x-1$ の直線は$(0，-1)$を通るので，-1
　(4) $y=2x-1$ の直線は$(3，5)$を通るので，5
❹ (1) $y=-x-3$ の直線上にある点を答えます。
　(2) $y=-x-3$ の直線は$(3，-6)$を通るので，-6
　(3) $y=-x-3$ の直線は$(-1，-2)$を通るので，-2
　(4) $y=-x-3$ の直線は$(-5，2)$を通るので，2

㊸ 1次関数のグラフ❶　　本冊 p.88

❶ (1)傾き 2，切片 -1
　(2)傾き $-\dfrac{2}{3}$，切片 2
❷ (1)傾き 1，切片 -2
　(2)傾き -4，切片 -7
　(3)傾き $\dfrac{1}{4}$，切片 3
　(4)傾き $-\dfrac{2}{5}$，切片 -8
❸ (1)傾き $\dfrac{3}{2}$，切片 2
　(2)傾き -1，切片 1
❹ (1)傾き 3，切片 5
　(2)傾き 7，切片 -3
　(3)傾き -6，切片 4

解き方

❶ (1) x の値が1だけ増加すると y の値は2だけ増加するから，傾きは2
　　また，$(0，-1)$を通るから，切片は-1
　(2) x の値が3だけ増加すると y の値は-2だけ増加するから，傾きは$-\dfrac{2}{3}$
　　また，$(0，2)$を通るから，切片は2
❷ $y=ax+b$ のグラフの傾きはa，切片はbです。
❸ (1) x の値が2だけ増加すると y の値は3だけ増加するから，傾きは$\dfrac{3}{2}$
　　また，$(0，2)$を通るから，切片は2
　(2) x の値が1だけ増加すると y の値は-1だけ増加するから，傾きは-1
　　また，$(0，1)$を通るから，切片は1
❹ $y=ax+b$ のグラフの傾きはa，切片はbです。

㊹ 1次関数のグラフ❷　　本冊 p.90

❶ 左から順に示す。
　(1)-5，-3，-1，1，3，5，7
　(2)6，3，0，-3，-6，-9，-12
　(3)$\dfrac{1}{2}$，1，$\dfrac{3}{2}$，2，$\dfrac{5}{2}$，3，$\dfrac{7}{2}$
❷ (1)エ，オ，カ　(2)イ，エ
❸ 左から順に示す。
　(1)-18，-14，-10，-6，-2，2，6
　(2)11，9，7，5，3，1，-1
　(3)0，$\dfrac{1}{3}$，$\dfrac{2}{3}$，1，$\dfrac{4}{3}$，$\dfrac{5}{3}$，2
　(4)$\dfrac{15}{2}$，6，$\dfrac{9}{2}$，3，$\dfrac{3}{2}$，0，$-\dfrac{3}{2}$
❹ (1)ア，イ，ウ，エ　(2)ウ，カ

解き方

❶ (1) $y=2x+1$ にそれぞれの x の値を代入します。
　(2) $y=-3x-3$ にそれぞれの x の値を代入します。

(3) $y=\dfrac{1}{2}x+2$ にそれぞれの x の値を代入します。

❷ (1) $y=ax+b$ の a の値が正であればグラフは右上がりになります。

(2) $y=ax+b$ の b の値が等しい式どうしのグラフは y 軸上で交わります。

❸ (1) $y=4x-6$ にそれぞれの x の値を代入します。

(2) $y=-2x+5$ にそれぞれの x の値を代入します。

(3) $y=\dfrac{1}{3}x+1$ にそれぞれの x の値を代入します。

(4) $y=-\dfrac{3}{2}x+3$ にそれぞれの x の値を代入します。

❹ (1) $y=ax+b$ の a の値が負であればグラフは右下がりになります。

(2) $y=ax+b$ の b の値が等しい式どうしのグラフは y 軸上で交わります。

㊺ 1次関数のグラフ❸　　本冊 p.92

❶ (1)(0, 2)　(2)2

(3) $y=2x+2$
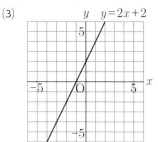

❷ (1)(0, −2)　(2)−3

(3) $y=-3x-2$
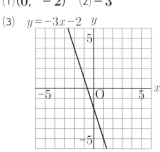

❸ (1)(0, −2)　(2)1

(3)
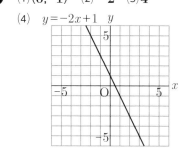
$y=x-2$

❹ (1)(0, 1)　(2)−2　(3)4

(4) $y=-2x+1$

解き方

❶ (1) 切片が2なので, (0, 2)を通ります。

(2) 傾きが2なので, x の値が1だけ増加すると y の値は2だけ増加します。

(3) (0, 2), (1, 4)などを通る直線をひきます。

❷ (1) 切片が−2なので, (0, −2)を通ります。

(2) 傾きが−3なので, x の値が1だけ増加すると y の値は−3だけ増加します。

(3) (0, −2), (1, −5)などを通る直線をひきます。

❸ (1) 切片が−2なので, (0, −2)を通ります。

(2) 傾きが1なので, x の値が1だけ増加すると y の値は1だけ増加します。

(3) (0, −2), (1, −1)などを通る直線をひきます。

❹ (1) 切片が1なので, (0, 1)を通ります。

(2) 傾きが−2なので, x の値が1だけ増加すると y の値は−2だけ増加します。

(3) 傾きが−2なので, x の値が−2だけ増加すると y の値は $-2\times(-2)=4$ だけ増加します。

(4) (0, 1), (1, −1)などを通る直線をひきます。

❶ (1) $(0,\ 1)$　(2) 1

(3)

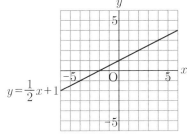
$y=\dfrac{1}{2}x+1$

❷ (1) $(0,\ 3)$　(2) -2

(3) $y=-\dfrac{2}{3}x+3$

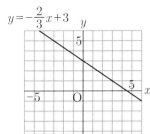

❸ (1) $(0,\ -1)$　(2) 1

(3)

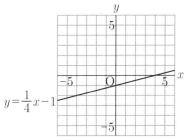
$y=\dfrac{1}{4}x-1$

❹ (1) $(0,\ -2)$　(2) -3　(3) 3

(4) $y=-\dfrac{3}{2}x-2$

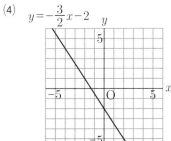

解き方

❶ (1) 切片（せっぺん）が1なので，$(0,\ 1)$を通ります。

(2) 傾き（かたむ）が$\dfrac{1}{2}$なので，xの値（あたい）が2だけ増加すると

yの値は$\dfrac{1}{2}×2=1$だけ増加します。

(3) $(0,\ 1)$，$(2,\ 2)$などを通る直線をひきます。

❷ (1) 切片が3なので，$(0,\ 3)$を通ります。

(2) 傾きが$-\dfrac{2}{3}$なので，xの値が3だけ増加する

とyの値は$-\dfrac{2}{3}×3=-2$だけ増加します。

(3) $(0,\ 3)$，$(3,\ 1)$などを通る直線をひきます。

❸ (1) 切片が-1なので，$(0,\ -1)$を通ります。

(2) 傾きが$\dfrac{1}{4}$なので，xの値が4だけ増加すると

yの値は$\dfrac{1}{4}×4=1$だけ増加します。

(3) $(0,\ -1)$，$(4,\ 0)$などを通る直線をひきます。

❹ (1) 切片が-2なので，$(0,\ -2)$を通ります。

(2) 傾きが$-\dfrac{3}{2}$なので，xの値が2だけ増加する

とyの値は$-\dfrac{3}{2}×2=-3$だけ増加します。

(3) 傾きが$-\dfrac{3}{2}$なので，xの値が-2だけ増加す

るとyの値は$-\dfrac{3}{2}×(-2)=3$だけ増加します。

(4) $(0,\ -2)$，$(2,\ -5)$などを通る直線をひきます。

❶ (1)

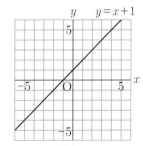
$y=x+1$

(2) $2\leqq y\leqq 5$　(3) $-4\leqq y\leqq 0$

❷ (1) $y=-2x+2$

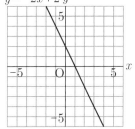

$(2) -6 \leqq y \leqq -2$　$(3) 0 \leqq y \leqq 6$

❸　(1)

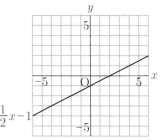

$y = \dfrac{1}{2}x - 1$

$(2) -1 \leqq y \leqq 2$　$(3) -3 \leqq y \leqq -2$
$(4) -4 \leqq y \leqq 1$

❹　(1)

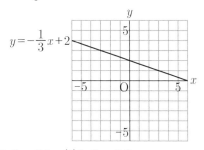

$y = -\dfrac{1}{3}x + 2$

$(2) 0 \leqq y \leqq 1$　$(3) 1 \leqq y \leqq 3$

解き方

❶　(1)　$(0, 1)$, $(1, 2)$などを通る直線をひきます。

(2)　グラフが$(1, 2)$, $(4, 5)$を通るので, yの値の範囲は$2 \leqq y \leqq 5$

(3)　グラフが$(-5, -4)$, $(-1, 0)$を通るので, yの値の範囲は$-4 \leqq y \leqq 0$

❷　(1)　$(0, 2)$, $(1, 0)$などを通る直線をひきます。

(2)　グラフが$(2, -2)$, $(4, -6)$を通るので, yの値の範囲は$-6 \leqq y \leqq -2$

(3)　グラフが$(-2, 6)$, $(1, 0)$を通るので, yの値の範囲は$0 \leqq y \leqq 6$

❸　(1)　$(0, -1)$, $(2, 0)$などを通る直線をひきます。

(2)　グラフが$(0, -1)$, $(6, 2)$を通るので, yの値の範囲は$-1 \leqq y \leqq 2$

(3)　グラフが$(-4, -3)$, $(-2, -2)$を通るので, yの値の範囲は$-3 \leqq y \leqq -2$

(4)　グラフが$(-6, -4)$, $(4, 1)$を通るので, yの値の範囲は$-4 \leqq y \leqq 1$

❹　(1)　$(0, 2)$, $(3, 1)$などを通る直線をひきま

す。

(2)　グラフが$(3, 1)$, $(6, 0)$を通るので, yの値の範囲は$0 \leqq y \leqq 1$

(3)　グラフが$(-3, 3)$, $(3, 1)$を通るので, yの値の範囲は$1 \leqq y \leqq 3$

48 1次関数の式の求め方❶　　本冊 p.98

❶　$(1) y = 2x - 1$　$(2) y = -\dfrac{2}{3}x + 1$

❷　$(1) y = 3x - 2$　$(2) y = -4x + 2$
　$(3) y = \dfrac{1}{2}x - 3$

❸　$(1) y = \dfrac{3}{2}x - 2$　$(2) y = -3x + 2$

❹　$(1) y = 5x + 3$　$(2) y = -3x - 7$
　$(3) y = \dfrac{3}{2}x + 1$　$(4) y = -\dfrac{1}{4}x + 2$

解き方

❶　(1)　xの値が1だけ増加するとyの値は2だけ増加するから, 傾きは2
また, $(0, -1)$を通るから, 切片は-1
よって, $y = 2x - 1$

(2)　xの値が3だけ増加するとyの値は-2だけ増加するから, 傾きは$-\dfrac{2}{3}$
また, $(0, 1)$を通るから, 切片は1
よって, $y = -\dfrac{2}{3}x + 1$

❷　(1)　傾きが3であるから, 求める式を
$y = 3x + b$とおきます。
これに$x = 2$, $y = 4$を代入して,
$4 = 3 \times 2 + b$
$b = -2$
よって, $y = 3x - 2$

(2)　傾きが-4であるから, 求める式を
$y = -4x + b$とおきます。
これに$x = 1$, $y = -2$を代入して,
$-2 = -4 \times 1 + b$
$b = 2$
よって, $y = -4x + 2$

(3) 傾きが$\dfrac{1}{2}$であるから，求める式を

$y=\dfrac{1}{2}x+b$とおきます。

これに$x=4$，$y=-1$を代入して，

$-1=\dfrac{1}{2}\times 4+b$

$b=-3$

よって，$y=\dfrac{1}{2}x-3$

❸ (1) xの値が2だけ増加するとyの値は3だけ

増加するから，傾きは$\dfrac{3}{2}$

また，$(0,\ -2)$を通るから，切片は-2

よって，$y=\dfrac{3}{2}x-2$

(2) xの値が1だけ増加するとyの値は-3だけ

増加するから，傾きは-3

また，$(0,\ 2)$を通るから，切片は2

よって，$y=-3x+2$

❹ (1) 傾きが5であるから，求める式を

$y=5x+b$とおきます。

これに$x=3$，$y=18$を代入して，

$18=5\times 3+b$

$b=3$

よって，$y=5x+3$

(2) 傾きが-3であるから，求める式を

$y=-3x+b$とおきます。

これに$x=-2$，$y=-1$を代入して，

$-1=-3\times(-2)+b$

$b=-7$

よって，$y=-3x-7$

(3) 傾きが$\dfrac{3}{2}$であるから，求める式を

$y=\dfrac{3}{2}x+b$とおきます。

これに$x=6$，$y=10$を代入して，

$10=\dfrac{3}{2}\times 6+b$

$b=1$

よって，$y=\dfrac{3}{2}x+1$

(4) 傾きが$-\dfrac{1}{4}$であるから，求める式を

$y=-\dfrac{1}{4}x+b$とおきます。

これに$x=8$，$y=0$を代入して，

$0=-\dfrac{1}{4}\times 8+b$

$b=2$

よって，$y=-\dfrac{1}{4}x+2$

㊾ 1次関数の式の求め方❷　　本冊 p.100

❶ (1) $y=2x-5$　　(2) $y=-3x+4$

❷ (1) $y=4x+3$　　(2) $y=-x-4$

(3) $y=\dfrac{1}{3}x+3$

❸ (1) $y=5x-9$　　(2) $y=-4x-6$

(3) $y=\dfrac{1}{4}x-2$

❹ (1) $y=-4x+1$　　(2) $y=5x-5$

(3) $y=\dfrac{5}{2}x-4$

解き方

❶ (1) xの値が2だけ増加するとyの値は4だけ

増加するから，変化の割合は2

求める式を$y=2x+b$とおいて，$x=3$，$y=1$を

代入すると，$1=2\times 3+b$

$b=-5$

よって，$y=2x-5$

(2) xの値が3だけ増加するとyの値は-9だけ

増加するから，変化の割合は-3

求める式を$y=-3x+b$とおいて，$x=4$，

$y=-8$を代入すると，$-8=-3\times 4+b$

$b=4$

よって，$y=-3x+4$

❷ (1) 切片が3であるから，求める式を

$y=ax+3$とおきます。

これに$x=1$，$y=7$を代入して，

$7=a\times 1+3$

$a=4$

よって，$y=4x+3$

(2) 切片が-4であるから，求める式を

$y=ax-4$とおきます。

これに$x=2$，$y=-6$を代入して，

$-6=a\times 2-4$

$a=-1$

よって，$y=-x-4$

(3) 切片が3であるから，求める式を

$y=ax+3$とおきます。

これに$x=-3$，$y=2$を代入して，

$2=a\times(-3)+3$

$a=\dfrac{1}{3}$

よって，$y=\dfrac{1}{3}x+3$

❸ (1) xの値が3だけ増加するとyの値は15だけ
増加するから，変化の割合は5

求める式を$y=5x+b$とおいて，$x=2$，$y=1$を
代入すると，$1=5\times2+b$

$b=-9$

よって，$y=5x-9$

(2) xの値が2だけ増加するとyの値は-8だけ
増加するから，変化の割合は-4

求める式を$y=-4x+b$とおいて，$x=-2$，
$y=2$を代入すると，$2=-4\times(-2)+b$

$b=-6$

よって，$y=-4x-6$

(3) xの値が8だけ増加するとyの値は2だけ増

加するから，変化の割合は$\dfrac{1}{4}$

求める式を$y=\dfrac{1}{4}x+b$とおいて，$x=4$，

$y=-1$を代入すると，$-1=\dfrac{1}{4}\times4+b$

$b=-2$

よって，$y=\dfrac{1}{4}x-2$

❹ (1) 切片が1であるから，求める式を

$y=ax+1$とおきます。

これに$x=-2$，$y=9$を代入して，

$9=a\times(-2)+1$

$a=-4$

よって，$y=-4x+1$

(2) 切片が-5であるから，求める式を

$y=ax-5$とおきます。

これに$x=3$，$y=10$を代入して，

$10=a\times3-5$

$a=5$

よって，$y=5x-5$

(3) 切片が-4であるから，求める式を

$y=ax-4$とおきます。

これに$x=4$，$y=6$を代入して，

$6=a\times4-4$

$a=\dfrac{5}{2}$

よって，$y=\dfrac{5}{2}x-4$

50 1次関数の式の求め方❸ 　本冊 p.102

❶ (1) $y=6x-7$ 　(2) $y=-5x+8$

❷ (1) $y=3x+3$ 　(2) $y=-x-2$

　(3) $y=\dfrac{1}{2}x-4$

❸ (1) $y=9x-4$ 　(2) $y=-7x-5$

　(3) $y=-\dfrac{5}{4}x+6$

❹ (1) $y=5x-8$ 　(2) $y=-4x+12$

　(3) $y=-\dfrac{4}{3}x-2$

解き方

❶ (1) 変化の割合が6であるから，求める式を

$y=6x+b$とおきます。

これに$x=2$，$y=5$を代入して，

$5=6\times2+b$

$b=-7$

よって，$y=6x-7$

(2) 変化の割合が-5であるから，求める式を

$y=-5x+b$とおきます。

これに$x=-1$，$y=13$を代入して，

$13=-5\times(-1)+b$

$b=8$

よって，$y=-5x+8$

❷ (1) $y=3x+1$に平行なことから傾きは3とわ

かるので，求める式を

$y=3x+b$とおきます。

これに$x=2$，$y=9$を代入して，

$9=3\times2+b$

$b=3$

よって，$y=3x+3$

(2) $y=-x+5$ に平行なことから傾きは-1とわかるので，求める式を

$y=-x+b$とおきます。

これに $x=-5$，$y=3$ を代入して，

$3=-1\times(-5)+b$

$b=-2$

よって，$y=-x-2$

(3) $y=\frac{1}{2}x+3$ に平行なことから傾きは$\frac{1}{2}$とわかるので，求める式を

$y=\frac{1}{2}x+b$とおきます。

これに $x=6$，$y=-1$ を代入して，

$-1=\frac{1}{2}\times6+b$

$b=-4$

よって，$y=\frac{1}{2}x-4$

❸ (1) 変化の割合が9であるから，求める式を

$y=9x+b$とおきます。

これに $x=3$，$y=23$ を代入して，

$23=9\times3+b$

$b=-4$

よって，$y=9x-4$

(2) 変化の割合が-7であるから，求める式を

$y=-7x+b$とおきます。

これに $x=-2$，$y=9$ を代入して，

$9=-7\times(-2)+b$

$b=-5$

よって，$y=-7x-5$

(3) 変化の割合が$-\frac{5}{4}$であるから，求める式を

$y=-\frac{5}{4}x+b$とおきます。

これに $x=8$，$y=-4$ を代入して，

$-4=-\frac{5}{4}\times8+b$

$b=6$

よって，$y=-\frac{5}{4}x+6$

❹ (1) $y=5x+2$ に平行なことから傾きは5とわかるので，求める式を

$y=5x+b$とおきます。

これに $x=3$，$y=7$ を代入して，

$7=5\times3+b$

$b=-8$

よって，$y=5x-8$

(2) $y=-4x+3$ に平行なことから傾きは-4とわかるので，求める式を

$y=-4x+b$とおきます。

これに $x=3$，$y=0$ を代入して，

$0=-4\times3+b$

$b=12$

よって，$y=-4x+12$

(3) $y=-\frac{4}{3}x+6$ に平行なことから傾きは$-\frac{4}{3}$とわかるので，求める式を

$y=-\frac{4}{3}x+b$とおきます。

これに $x=-6$，$y=6$ を代入して，

$6=-\frac{4}{3}\times(-6)+b$

$b=-2$

よって，$y=-\frac{4}{3}x-2$

51 1次関数の式の求め方❹ 本冊 p.104

❶ (1) $y=2x-3$　(2) $y=3x+5$

(3) $y=-4x+1$　(4) $y=-2x-5$

(5) $y=\frac{1}{2}x-1$

❷ (1) $y=-2x+4$　(2) $y=5x+2$

(3) $y=-\frac{1}{3}x+4$　(4) $y=6x-2$

(5) $y=-3x+8$　(6) $y=4x-5$

解き方

❶ (1) 傾きは，$\frac{5-1}{4-2}=\frac{4}{2}=2$

求める式を $y=2x+b$ とおいて，$x=2$，$y=1$ を代入すると，

$1=2\times2+b$

$b=-3$

よって，$y=2x-3$

(2) 傾きは，$\frac{11-(-1)}{2-(-2)}=\frac{12}{4}=3$

求める式を $y=3x+b$ とおいて，$x=2$，$y=11$ を代入すると，

$11 = 3 \times 2 + b$

$b = 5$

よって，$y = 3x + 5$

(3) 傾きは，$\dfrac{-11-(-3)}{3-1} = \dfrac{-8}{2} = -4$

求める式を $y = -4x + b$ とおいて，$x = 1$，

$y = -3$ を代入すると，

$-3 = -4 \times 1 + b$

$b = 1$

よって，$y = -4x + 1$

(4) 変化の割合は，$\dfrac{-3-3}{-1-(-4)} = \dfrac{-6}{3} = -2$

求める式を $y = -2x + b$ とおいて，$x = -4$，

$y = 3$ を代入すると，

$3 = -2 \times (-4) + b$

$b = -5$

よって，$y = -2x - 5$

(5) 変化の割合は，$\dfrac{2-0}{6-2} = \dfrac{2}{4} = \dfrac{1}{2}$

求める式を $y = \dfrac{1}{2}x + b$ とおいて，$x = 2$，$y = 0$

を代入すると，

$0 = \dfrac{1}{2} \times 2 + b$

$b = -1$

よって，$y = \dfrac{1}{2}x - 1$

❷ (1) 傾きは，$\dfrac{-6-2}{5-1} = \dfrac{-8}{4} = -2$

求める式を $y = -2x + b$ とおいて，$x = 1$，$y = 2$

を代入すると，

$2 = -2 \times 1 + b$

$b = 4$

よって，$y = -2x + 4$

(2) 傾きは，$\dfrac{-3-(-13)}{-1-(-3)} = \dfrac{10}{2} = 5$

求める式を $y = 5x + b$ とおいて，$x = -1$，

$y = -3$ を代入すると，

$-3 = 5 \times (-1) + b$

$b = 2$

よって，$y = 5x + 2$

(3) 傾きは，$\dfrac{2-5}{6-(-3)} = \dfrac{-3}{9} = -\dfrac{1}{3}$

求める式を $y = -\dfrac{1}{3}x + b$ とおいて，$x = 6$，

$y = 2$ を代入すると，

$2 = -\dfrac{1}{3} \times 6 + b$

$b = 4$

よって，$y = -\dfrac{1}{3}x + 4$

(4) 変化の割合は，$\dfrac{28-10}{5-2} = \dfrac{18}{3} = 6$

求める式を $y = 6x + b$ とおいて，$x = 2$，$y = 10$

を代入すると，

$10 = 6 \times 2 + b$

$b = -2$

よって，$y = 6x - 2$

(5) 変化の割合は，$\dfrac{14-20}{-2-(-4)} = \dfrac{-6}{2} = -3$

求める式を $y = -3x + b$ とおいて，$x = -2$，

$y = 14$ を代入すると，

$14 = -3 \times (-2) + b$

$b = 8$

よって，$y = -3x + 8$

(6) 変化の割合は，$\dfrac{3-(-17)}{2-(-3)} = \dfrac{20}{5} = 4$

求める式を $y = 4x + b$ とおいて，$x = 2$，$y = 3$ を

代入すると，

$3 = 4 \times 2 + b$ 　　$b = -5$

よって，$y = 4x - 5$

52 1次関数と方程式とグラフ 本冊 p.106

❶ (1) $y = 2x - 2$

(2)(3)

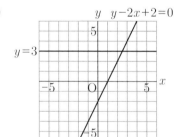

❷ (1) -3 　(2) 2

(3)

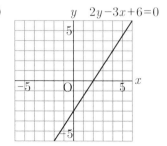

❸ (1) $y = -\dfrac{1}{2}x + 1$

(2)(3)

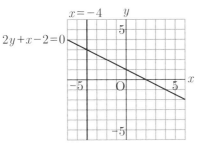

❹ (1) **1** (2) **−1**

(3)

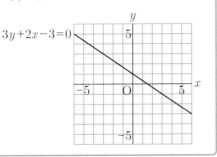

❶ (1)　$y - 2x + 2 = 0$ より，$y = 2x - 2$

(2)　(1)より，$y = 2x - 2$ のグラフをかきます。

(3)　x の値にかかわらず，y の値が3である直線
をひきます。

❷ (1)　$2y - 3x + 6 = 0$ に $x = 0$ を代入して，

$2y - 3 \times 0 + 6 = 0$

$y = -3$

(2)　$2y - 3x + 6 = 0$ に $y = 0$ を代入して，

$2 \times 0 - 3x + 6 = 0$

$x = 2$

(3)　$(0, \ -3)$，$(2, \ 0)$ を通る直線をひきます。

❸ (1)　$2y + x - 2 = 0$ より，$y = -\dfrac{1}{2}x + 1$

(2)　(1)より，$y = -\dfrac{1}{2}x + 1$ のグラフをかきます。

(3)　y の値にかかわらず，x の値が−4である直
線をひきます。

❹ (1)　$3y + 2x - 3 = 0$ に $x = 0$ を代入して，

$3y + 2 \times 0 - 3 = 0$　　$y = 1$

(2)　$3y + 2x - 3 = 0$ に $x = 3$ を代入して，

$3y + 2 \times 3 - 3 = 0$　　$y = -1$

(3)　$(0, \ 1)$，$(3, \ -1)$ を通る直線をひきます。

---

53 1次関数と連立方程式❶　　本冊 p.108

❶ (1)(2)

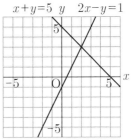

(3) $x = 2$, $y = 3$

❷ (1)(2)

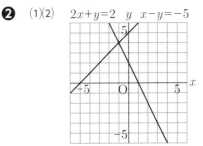

(3) $x = -1$, $y = 4$

❸ (1)(2)

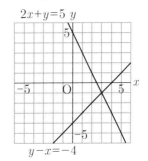

(3) $x = 3$, $y = -1$

❹ (1)(2)

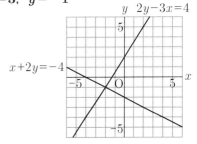

(3) $x = -2$, $y = -1$

❶ (1)　$x + y = 5$ より，$y = -x + 5$ であるから，

$y = -x + 5$ のグラフをかきます。

(2)　$2x - y = 1$ より，$y = 2x - 1$ であるから，

$y = 2x - 1$ のグラフをかきます。

(3)　2つのグラフの交点の座標は$(2, \ 3)$なので，

求める解は, $x=2$, $y=3$

❷ (1) $2x+y=2$ より, $y=-2x+2$ であるから,
$y=-2x+2$ のグラフをかきます。

(2) $x-y=-5$ より, $y=x+5$ であるから,
$y=x+5$ のグラフをかきます。

(3) 2つのグラフの交点の座標は $(-1, 4)$ なので, 求める解は, $x=-1$, $y=4$

❸ (1) $2x+y=5$ より, $y=-2x+5$ であるから,
$y=-2x+5$ のグラフをかきます。

(2) $y-x=-4$ より, $y=x-4$ であるから,
$y=x-4$ のグラフをかきます。

(3) 2つのグラフの交点の座標は $(3, -1)$ なので, 求める解は, $x=3$, $y=-1$

❹ (1) $x+2y=-4$ より, $y=-\dfrac{1}{2}x-2$ であるから,
$y=-\dfrac{1}{2}x-2$ のグラフをかきます。

(2) $2y-3x=4$ より, $y=\dfrac{3}{2}x+2$ であるから,
$y=\dfrac{3}{2}x+2$ のグラフをかきます。

(3) 2つのグラフの交点の座標は $(-2, -1)$ なので, 求める解は, $x=-2$, $y=-1$

㊴ 1次関数と連立方程式❷　本冊 p.110

❶ (1) $y=2x+1$　(2) $y=-3x+4$
(3) $\left(\dfrac{3}{5}, \dfrac{11}{5}\right)$

❷ (1) $y=x+3$　(2) $y=-2x-1$
(3) $\left(-\dfrac{4}{3}, \dfrac{5}{3}\right)$

❸ (1) $y=\dfrac{1}{2}x+2$　(2) $y=-x-3$
(3) $\left(-\dfrac{10}{3}, \dfrac{1}{3}\right)$

❹ (1) $y=\dfrac{1}{3}x-1$　(2) $y=-\dfrac{4}{3}x+2$
(3) $\left(\dfrac{9}{5}, -\dfrac{2}{5}\right)$

解き方

❶ (1) x の値が1だけ増加すると y の値は2だけ
増加するから, 傾きは2
また, $(0, 1)$ を通るから, 切片は1
よって, $y=2x+1$

(2) x の値が1だけ増加すると y の値は -3 だけ
増加するから, 傾きは -3
また, $(0, 4)$ を通るから, 切片は4
よって, $y=-3x+4$

(3) 連立方程式 $\begin{cases} y=2x+1 \\ y=-3x+4 \end{cases}$ を解いて,

$x=\dfrac{3}{5}$, $y=\dfrac{11}{5}$
よって, 交点の座標は $\left(\dfrac{3}{5}, \dfrac{11}{5}\right)$

❷ (1) x の値が1だけ増加すると y の値は1だけ
増加するから, 傾きは1
また, $(0, 3)$ を通るから, 切片は3
よって, $y=x+3$

(2) x の値が1だけ増加すると y の値は -2 だけ
増加するから, 傾きは -2
また, $(0, -1)$ を通るから, 切片は -1
よって, $y=-2x-1$

(3) 連立方程式 $\begin{cases} y=x+3 \\ y=-2x-1 \end{cases}$ を解いて,

$x=-\dfrac{4}{3}$, $y=\dfrac{5}{3}$
よって, 交点の座標は $\left(-\dfrac{4}{3}, \dfrac{5}{3}\right)$

❸ (1) x の値が2だけ増加すると y の値は1だけ
増加するから, 傾きは $\dfrac{1}{2}$

また, $(0, 2)$ を通るから, 切片は2
よって, $y=\dfrac{1}{2}x+2$

(2) x の値が1だけ増加すると y の値は -1 だけ
増加するから, 傾きは -1
また, $(0, -3)$ を通るから, 切片は -3
よって, $y=-x-3$

(3) 連立方程式 $\begin{cases} y=\dfrac{1}{2}x+2 \\ y=-x-3 \end{cases}$ を解いて,

$x=-\dfrac{10}{3}$, $y=\dfrac{1}{3}$
よって, 交点の座標は $\left(-\dfrac{10}{3}, \dfrac{1}{3}\right)$

❹ (1) x の値が3だけ増加すると y の値は1だけ
増加するから, 傾きは $\dfrac{1}{3}$

また, $(0, -1)$ を通るから, 切片は -1

よって，$y=\dfrac{1}{3}x-1$

(2) x の値が3だけ増加すると y の値は -4 だけ増加するから，傾きは $-\dfrac{4}{3}$

また，$(0,\ 2)$ を通るから，切片は2

よって，$y=-\dfrac{4}{3}x+2$

(3) 連立方程式 $\begin{cases} y=\dfrac{1}{3}x-1 \\ y=-\dfrac{4}{3}x+2 \end{cases}$ を解いて，

$x=\dfrac{9}{5},\ \ y=-\dfrac{2}{5}$

よって，交点の座標は $\left(\dfrac{9}{5},\ \ -\dfrac{2}{5}\right)$

⑤⑤ 1次関数のグラフの利用❶ 本冊 p.112

❶ (1)**8cm** (2)$y=0.2x+6$ (3)**15g**

❷ (1)**10分** (2)$y=2x+5$ (3)**19℃**

❸ (1)**18cm** (2)$y=0.3x+12$ (3)**30g**

❹ (1)**5分** (2)$y=-4x+55$
(3)**23℃** (4)**11分**

解き方

❶ (1) グラフが $(10,\ 8)$ を通るから，8cm

(2) 変化の割合は0.2
また，グラフが $(0,\ 6)$ を通るから，切片は6
よって，$y=0.2x+6$

(3) $y=0.2x+6$ に $y=9$ を代入して，
$9=0.2x+6$
$x=15$
よって，15g

❷ (1) グラフが $(10,\ 25)$ を通るから，10分

(2) 変化の割合は2
また，グラフが $(0,\ 5)$ を通るから，切片は5
よって，$y=2x+5$

(3) $y=2x+5$ に $x=7$ を代入して，
$y=2\times7+5$
$y=19$
よって，19℃

❸ (1) グラフが $(20,\ 18)$ を通るから，18cm

(2) 変化の割合は0.3

また，グラフが $(0,\ 12)$ を通るから，切片は12
よって，$y=0.3x+12$

(3) $y=0.3x+12$ に $y=21$ を代入して，
$21=0.3x+12$
$x=30$
よって，30g

❹ (1) グラフが $(5,\ 35)$ を通るから，5分

(2) 変化の割合は -4
また，グラフが $(0,\ 55)$ を通るから，切片は55
よって，$y=-4x+55$

(3) $y=-4x+55$ に $x=8$ を代入して，
$y=-4\times8+55$
$y=23$
よって，23℃

(4) $y=-4x+55$ に $y=11$ を代入して，
$11=-4x+55$
$x=11$
よって，11分

⑤⑥ 1次関数のグラフの利用❷ 本冊 p.114

❶ (1)(2)
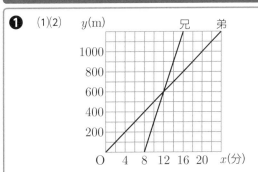

(3)**600 m** (4)$y=50x$

(5)$y=150x-1200$

(6)時間 **12分**，道のり **600 m**

❷ (1)(2)
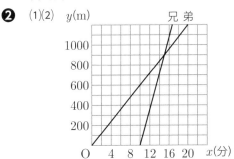

(3)$y=60x$ (4)$y=180x-1800$

解き方

❶ （1）速さが一定だから，グラフは直線になります。分速50 mだから，(0, 0)，(10, 500)などを通る直線をひきます。

（2）兄は弟が家を出発してから8分後に出発し，分速150 mだから，(8, 0)，(10, 300)などを通る直線をひきます。

（3）グラフの交点の y 座標が600であるから，600 m

（4）変化の割合が50であり，$x=0$ のとき $y=0$ であるから，$y=50x$

（5）変化の割合が150であるから，
求める式を $y=150x+b$ とおいて，$x=8$，$y=0$ を代入すると，
$0=150\times8+b$
$b=-1200$
よって，$y=150x-1200$

（6）連立方程式 $\begin{cases} y=50x \\ y=150x-1200 \end{cases}$ を解いて，
$x=12$，$y=600$
よって，時間は12分，道のりは600 m

❷ （1）分速60 mだから，(0, 0)，(10, 600)などを通る直線をひきます。

（2）兄は弟が家を出発してから10分後に出発し，分速180 mだから，(10, 0)，(15, 900)などを通る直線をひきます。

（3）変化の割合が60であり，$x=0$ のとき $y=0$ であるから，$y=60x$

（4）変化の割合が180であるから，
求める式を $y=180x+b$ とおいて，
$x=10$，$y=0$ を代入すると，
$0=180\times10+b$
$b=-1800$
よって，$y=180x-1800$

（5）連立方程式 $\begin{cases} y=60x \\ y=180x-1800 \end{cases}$ を解いて，
$x=15$，$y=900$
よって，時間は15分，道のりは900 m

（6）$y=180x-1800$ に $y=1200$ を代入して，
$1200=180x-1800$
$x=\dfrac{50}{3}$
よって，$\dfrac{50}{3}$ 分後

57 1次関数のグラフの利用❸ 本冊 p.116

❶ （1）$\left(-\dfrac{1}{2}, 0\right)$　（2）$(4, 0)$　（3）$(1, 3)$
（4）$\dfrac{27}{4}\text{cm}^2$

❷ （1）$\left(\dfrac{10}{3}, -\dfrac{2}{3}\right)$　（2）$\dfrac{50}{3}\text{cm}^2$

❸ （1）3　（2）$(-2, 0)$　（3）$\left(-\dfrac{1}{5}, \dfrac{18}{5}\right)$
（4）$\dfrac{27}{5}\text{cm}^2$

❹ （1）$\dfrac{1}{2}$　（2）$(4, -1)$　（3）12cm^2

解き方

❶ （1）$y=2x+1$ に $y=0$ を代入して，
$0=2x+1$
$x=-\dfrac{1}{2}$
よって，$\left(-\dfrac{1}{2}, 0\right)$

（2）$y=-x+4$ に $y=0$ を代入して，
$0=-x+4$
$x=4$
よって，$(4, 0)$

（3）連立方程式 $\begin{cases} y=2x+1 \\ y=-x+4 \end{cases}$ を解いて，
$x=1$，$y=3$
よって，$(1, 3)$

（4）線分ABを三角形の底辺とみて，
$\dfrac{1}{2}\times\left(\dfrac{1}{2}+4\right)\times3=\dfrac{27}{4}\,(\text{cm}^2)$

❷ （1）連立方程式 $\begin{cases} y=x-4 \\ y=-2x+6 \end{cases}$ を解いて，
$x=\dfrac{10}{3}$，$y=-\dfrac{2}{3}$
よって，$\left(\dfrac{10}{3}, -\dfrac{2}{3}\right)$

（2）線分ABを三角形の底辺とみて，
$\dfrac{1}{2}\times(4+6)\times\dfrac{10}{3}=\dfrac{50}{3}\,(\text{cm}^2)$

❸ (1) $y=-3x+b$ に $x=1$, $y=0$ を代入して，

$0=-3\times1+b$

$b=3$

(2) $y=2x+4$ に $y=0$ を代入して，

$0=2x+4$

$x=-2$

よって，$(-2,\ 0)$

(3) 連立方程式 $\begin{cases} y=2x+4 \\ y=-3x+3 \end{cases}$ を解いて，

$x=-\dfrac{1}{5}$, $y=\dfrac{18}{5}$

よって，$\left(-\dfrac{1}{5},\ \dfrac{18}{5}\right)$

(4) 線分 AB を三角形の底辺とみて，

$\dfrac{1}{2}\times(2+1)\times\dfrac{18}{5}=\dfrac{27}{5}\,(\mathrm{cm}^2)$

❹ (1) $y=ax-3$ に $x=2$, $y=-2$ を代入して，

$-2=a\times2-3$

$a=\dfrac{1}{2}$

(2) 連立方程式 $\begin{cases} y=\dfrac{1}{2}x-3 \\ y=-x+3 \end{cases}$ を解いて，

$x=4$, $y=-1$

よって，$(4,\ -1)$

(3) 線分 AB を三角形の底辺とみて，

$\dfrac{1}{2}\times(3+3)\times4=12\,(\mathrm{cm}^2)$

---

58 1次関数のグラフの利用❹ 本冊 p.118

❶ (1) $y=\dfrac{3}{2}x$　(2) $\dfrac{21}{2}$ km

(3) $y=-\dfrac{3}{2}x+27$　(4) $y=\dfrac{3}{2}x-12$

(5) 時刻　9時13分，距離　$\dfrac{15}{2}$ km

❷ (1) $y=x-2$　(2) 7km　(3) 9時5分

(4) $y=-x+30$　(5) $y=x-8$

(6) 時刻　9時19分，距離　11km

解き方

❶ (1) グラフの傾きが $\dfrac{3}{2}$ であり，$x=0$ のとき

$y=0$ であるから，$y=\dfrac{3}{2}x$

(2) $y=\dfrac{3}{2}x$ に $x=7$ を代入して，

$y=\dfrac{3}{2}\times7=\dfrac{21}{2}\,(\mathrm{km})$

(3) グラフの傾きが $-\dfrac{3}{2}$ であるから，

求める式を $y=-\dfrac{3}{2}x+b$ とおいて，$x=10$,

$y=12$ を代入すると，

$12=-\dfrac{3}{2}\times10+b$

$b=27$

よって，$y=-\dfrac{3}{2}x+27$

(4) グラフの傾きが $\dfrac{3}{2}$ であるから，

求める式を $y=\dfrac{3}{2}x+b$ とおいて，$x=8$, $y=0$

を代入すると，

$0=\dfrac{3}{2}\times8+b$

$b=-12$

よって，$y=\dfrac{3}{2}x-12$

(5) 連立方程式 $\begin{cases} y=-\dfrac{3}{2}x+27 \\ y=\dfrac{3}{2}x-12 \end{cases}$ を解いて，

$x=13$, $y=\dfrac{15}{2}$

よって，時刻は9時13分，距離は $\dfrac{15}{2}$ km

❷ (1) グラフの傾きが1であるから，

求める式を $y=x+b$ とおいて，$x=2$, $y=0$ を

代入すると，

$0=2+b$

$b=-2$

よって，$y=x-2$

(2) $y=x-2$ に $x=9$ を代入して，

$y=9-2=7\,(\mathrm{km})$

(3) $y=x-2$ に $y=3$ を代入して，

$3=x-2$

$x=5$

よって，9時5分

(4) グラフの傾きが -1 であるから，

求める式を $y=-x+b$ とおいて，$x=18$,

$y=12$ を代入すると，

$12 = -18 + b$

$b = 30$

よって，$y = -x + 30$

(5) グラフの傾きが1であるから，

求める式を $y = x + b$ とおいて，$x = 8$，$y = 0$ を

代入すると，

$0 = 8 + b \quad b = -8$

よって，$y = x - 8$

(6) 連立方程式 $\begin{cases} y = -x + 30 \\ y = x - 8 \end{cases}$ を解いて，

$x = 19$，$y = 11$

よって，時刻は9時19分，距離は11km

本冊 p.120

59 1次関数と図形

❶ (1)18 (2)18 (3)12

(4)$y = -3x + 54$

(5)

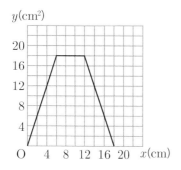

$y(\text{cm}^2)$

❷ (1)16 (2)16 (3)8 (4)$y = -4x + 64$

(5)

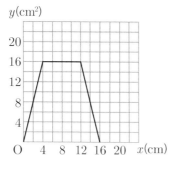

$y(\text{cm}^2)$

(6)$\dfrac{29}{2}$

解き方

❶ (1) $x = 6$ のとき，点Pは点Bと重なります。

辺ADを三角形の底辺とみると，△APDの面

積は，$\dfrac{1}{2} \times 6 \times 6 = 18(\text{cm}^2)$

よって，18

(2) $x = 12$ のとき，点Pは点Cと重なります。

辺ADを三角形の底辺とみると，△APDの面

積は，$\dfrac{1}{2} \times 6 \times 6 = 18(\text{cm}^2)$

よって，18

(3) $x = 14$ のとき，点Pは辺CD上にあり，PD

の長さは4cmです。

辺ADを三角形の底辺とみると，△APDの面

積は，$\dfrac{1}{2} \times 6 \times 4 = 12(\text{cm}^2)$

よって，12

(4) 底辺の長さはAD$= 6(\text{cm})$

高さはDP$= 6 + 6 + 6 - x = 18 - x(\text{cm})$

よって，$y = \dfrac{1}{2} \times 6 \times (18 - x) = -3x + 54$

(5) $0 \leqq x \leqq 6$ のとき，

$y = \dfrac{1}{2} \times \text{AD} \times \text{AP} = \dfrac{1}{2} \times 6 \times x = 3x$

$6 \leqq x \leqq 12$ のとき，

$y = \dfrac{1}{2} \times \text{AD} \times \text{AB} = \dfrac{1}{2} \times 6 \times 6 = 18$

$12 \leqq x \leqq 18$ のとき，$y = -3x + 54$

❷ (1) $x = 4$ のとき，点Pは点Bと重なります。

辺ADを三角形の底辺とみると，△APDの面

積は，$\dfrac{1}{2} \times 8 \times 4 = 16(\text{cm}^2)$

よって，16

(2) $x = 12$ のとき，点Pは点Cと重なります。

辺ADを三角形の底辺とみると，△APDの面

積は，$\dfrac{1}{2} \times 8 \times 4 = 16(\text{cm}^2)$

よって，16

(3) $x = 14$ のとき，点Pは辺CD上にあり，PD

の長さは2cmです。

辺ADを三角形の底辺とみると，△APDの面

積は，$\dfrac{1}{2} \times 8 \times 2 = 8(\text{cm}^2)$

よって，8

(4) 底辺の長さはAD$= 8(\text{cm})$

高さはDP$= 4 + 8 + 4 - x = 16 - x(\text{cm})$

よって，$y = \dfrac{1}{2} \times 8 \times (16 - x) = -4x + 64$

(5) $0 \leqq x \leqq 4$ のとき，

$y = \dfrac{1}{2} \times \text{AD} \times \text{AP} = \dfrac{1}{2} \times 8 \times x = 4x$

$4 \leq x \leq 12$ のとき,

$y = \dfrac{1}{2} \times AD \times AB = \dfrac{1}{2} \times 8 \times 4 = 16$

$12 \leq x \leq 16$ のとき, $y = -4x + 64$

(6) $y = -4x + 64$ に $y = 6$ を代入して,

$6 = -4x + 64$

$x = \dfrac{29}{2}$

❻⓪ まとめのテスト❸ 本冊 p.122

❶ (1) **6** (2) **2**

❷ (1) $y = 8x - 12$ (2) $y = -3x + 5$

   (3) $y = \dfrac{1}{3}x - 4$ (4) $y = -\dfrac{1}{2}x + 5$

❸ (1)(2)

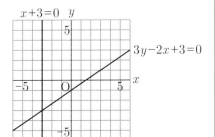

❹ 時間 $\dfrac{32}{3}$ 分, 道のり $\dfrac{1600}{3}$ m

❺ (1) **1** (2) $\dfrac{49}{20}$ **cm²**

解き方

❶ (1) $x = 2$ のとき $y = -\dfrac{48}{2} = -24$

   $x = 4$ のとき $y = -\dfrac{48}{4} = -12$

   よって, $\dfrac{-12 - (-24)}{4 - 2} = \dfrac{12}{2} = 6$

 (2) $x = -8$ のとき $y = -\dfrac{48}{-8} = 6$

   $x = -3$ のとき $y = -\dfrac{48}{-3} = 16$

   よって, $\dfrac{16 - 6}{-3 - (-8)} = \dfrac{10}{5} = 2$

❷ (1) 傾きが8であるから, 求める式を

   $y = 8x + b$ とおきます。

   これに $x = 2$, $y = 4$ を代入して,

   $4 = 8 \times 2 + b$

   $b = -12$

よって, $y = 8x - 12$

(2) 切片が5であるから, 求める式を

   $y = ax + 5$ とおきます。

   これに $x = -2$, $y = 11$ を代入して,

   $11 = a \times (-2) + 5$

   $a = -3$

   よって, $y = -3x + 5$

(3) $y = \dfrac{1}{3}x + 2$ に平行なことから傾きは $\dfrac{1}{3}$ とわか

   るので, 求める式を $y = \dfrac{1}{3}x + b$ とおきます。

   これに $x = 6$, $y = -2$ を代入して,

   $-2 = \dfrac{1}{3} \times 6 + b$

   $b = -4$

   よって, $y = \dfrac{1}{3}x - 4$

(4) 傾きは, $\dfrac{2 - 7}{6 - (-4)} = \dfrac{-5}{10} = -\dfrac{1}{2}$

   求める式を $y = -\dfrac{1}{2}x + b$ とおいて,

   $x = 6$, $y = 2$ を代入すると,

   $2 = -\dfrac{1}{2} \times 6 + b$

   $b = 5$

   よって, $y = -\dfrac{1}{2}x + 5$

❸ (1) $3y - 2x + 3 = 0$ より, $y = \dfrac{2}{3}x - 1$ であるから,

   $y = \dfrac{2}{3}x - 1$ のグラフをかきます。

(2) $x + 3 = 0$ より, $x = -3$ であるから,

   $x = -3$ のグラフをかきます。

❹ 弟について, y を x の式で表すと, $y = 50x$

兄について, y を x の式で表すと,

$y = 200x - 1600$

連立方程式 $\begin{cases} y = 50x \\ y = 200x - 1600 \end{cases}$ を解いて,

$x = \dfrac{32}{3}$, $y = \dfrac{1600}{3}$

よって, 時間は $\dfrac{32}{3}$ 分, 道のりは $\dfrac{1600}{3}$ m

❺ (1) $y = \dfrac{1}{2}x + b$ に $x = -2$, $y = 0$ を代入して,

   $0 = \dfrac{1}{2} \times (-2) + b$

   $b = 1$

(2)　点Bの座標は，$y=-2x+3$ に $y=0$ を代入して，$0=-2x+3$

$x=\dfrac{3}{2}$

よって，$\left(\dfrac{3}{2},\ 0\right)$

点Pの座標は，

連立方程式 $\begin{cases} y=\dfrac{1}{2}x+1 \\ y=-2x+3 \end{cases}$ を解いて，

$x=\dfrac{4}{5},\ y=\dfrac{7}{5}$

よって，$\left(\dfrac{4}{5},\ \dfrac{7}{5}\right)$

△ABPの面積は，線分ABを三角形の底辺とみて，

$\dfrac{1}{2}\times\left(2+\dfrac{3}{2}\right)\times\dfrac{7}{5}=\dfrac{49}{20}$ (cm^2)

◀ チャレンジテスト❶ 　本冊 p.124

1	(1) $-4x+2y$ (2) $2b^2$ (3) $\dfrac{4x-9y}{4}$
2	(1) $x=2,\ y=-1$ (2) $x=5,\ y=-1$
3	$x=\dfrac{-7y+21}{3}$
4	小学生　40人，中学生　80人
5	7
6	5

解き方

1 (1) $\quad -2(3x-y)+2x=-6x+2y+2x$
$\qquad\qquad\qquad\qquad\qquad =-4x+2y$

(2) $4ab^2\div6a^2b\times3ab=\dfrac{4ab^2\times3ab}{6a^2b}$
$\qquad\qquad\qquad\qquad =2b^2$

(3) $\dfrac{3x-5y}{2}-\dfrac{2x-y}{4}=\dfrac{2(3x-5y)-(2x-y)}{4}$
$\qquad\qquad\qquad =\dfrac{6x-10y-2x+y}{4}$
$\qquad\qquad\qquad =\dfrac{4x-9y}{4}$

2 連立方程式の1つ目の方程式を①，2つ目の方程式を②とします。

(1) ①×3より，$6x+9y=3$ ……①′
②－①′より，$2x=4$
$x=2$

これを①に代入して，$2\times2+3y=1$
$y=-1$

(2) ①を②に代入して，$3x+4(x-6)=11$
$3x+4x-24=11$
$x=5$
これを①に代入して，$y=5-6$
$y=-1$

3 $3x+7y=21$
$\qquad 3x=-7y+21$
$\qquad\quad x=\dfrac{-7y+21}{3}$

4 参加した小学生の人数を x 人，中学生の人数を y 人とします。

$\begin{cases} x+y=120 \\ \dfrac{35}{100}x+\dfrac{20}{100}y=30 \end{cases}$ を解いて，

$x=40,\ y=80$

よって，参加した小学生は40人，中学生は80人

5 もとの自然数の百の位の数を x，一の位の数を y とします。

$\begin{cases} x+y=10 \\ 100x+40+y=100y+40+x-396 \end{cases}$ を解いて，

$x=3,\ y=7$

よって，一の位の数は7

6 変化の割合は，$\dfrac{2-6}{3-(-1)}=-1$

よって，$x=0$ のときの y の値は，

$6+(-1)\times1=5$

◀ チャレンジテスト❷ 　本冊 p.126

1	(1) $\dfrac{5}{4}a-b$ (2) $-\dfrac{9}{2}x^2$ (3) $-\dfrac{9}{4}xy$
2	(1) $x=4,\ y=-2$ (2) $x=-2,\ y=3$
3	-10
4	ドーナツ　13個，カップケーキ　5個
5	$y=\dfrac{1}{2}x+2$
6	$y=-2x+24$

解き方

1 (1) $\quad a+b+\dfrac{1}{4}(a-8b)=a+b+\dfrac{1}{4}a-2b$
$\qquad\qquad\qquad\qquad\qquad =\dfrac{5}{4}a-b$

(2) $9x^2y \times 4x \div (-8xy) = \dfrac{9x^2y \times 4x}{-8xy}$

$\qquad\qquad\qquad\qquad\quad = -\dfrac{9}{2}x^2$

(3) $\dfrac{15}{8}x^2y \div \left(-\dfrac{5}{6}x\right) = \dfrac{15}{8}x^2y \times \left(-\dfrac{6}{5x}\right)$

$\qquad\qquad\qquad\qquad = -\dfrac{15x^2y \times 6}{8 \times 5x}$

$\qquad\qquad\qquad\qquad = -\dfrac{9}{4}xy$

高さは $DP = 4+4+4-x = 12-x\,(\mathrm{cm})$

よって，$y = \dfrac{1}{2} \times 4 \times (12-x) = -2x+24$

2 (1) 連立方程式の1つ目の方程式を①，2つ目
の方程式を②とします。

①×3より，$6x+15y=-6$ ……①′

②×2より，$6x-4y=32$ ……②′

①′−②′より，$19y=-38$

$y=-2$

これを①に代入して，$2x+5\times(-2)=-2$

$x=4$

(2) $\begin{cases} 2x+y=-1 & \cdots\cdots① \\ 5x+3y=-1 & \cdots\cdots② \end{cases}$

①×3−②より，$x=-2$

これを①に代入して，$2\times(-2)+y=-1$

$y=3$

3 x の増加量は，$4-(-1)=5$

よって，y の増加量は，$-2\times5=-10$

4 作ったドーナツの個数を x 個，カップケーキの
個数を y 個とします。

$\begin{cases} x+y=18 \\ 25x+15y=400 \end{cases}$ を解いて，

$x=13$, $y=5$

よって，ドーナツは13個，カップケーキは5個

5 点 A の y 座標は，$y=\dfrac{6}{-6}=-1$

点 B の y 座標は，$y=\dfrac{6}{2}=3$

よって，直線は2点$(-6, -1)$, $(2, 3)$を通る。

直線の傾きは，$\dfrac{3-(-1)}{2-(-6)}=\dfrac{4}{8}=\dfrac{1}{2}$

求める式を $y=\dfrac{1}{2}x+b$ とおいて，$x=2$, $y=3$ を
代入すると，

$3=\dfrac{1}{2}\times2+b$

$b=2$

よって，$y=\dfrac{1}{2}x+2$

6 底辺の長さは $AD=4\,(\mathrm{cm})$